나를 위한 가벼운 집밥책

나를 위한 가벼운 집밥책

서정아 지음

요즘 딱! 신선 재료, 쉽고 간단한 건강 요리

허밍버드
Hummingbird

일러두기

- 채소를 가장 간편하고 맛있게 먹는 방법을 담았습니다. 고기와 달걀, 유가공품 등 동물성 단백질 대신 채소와 함께 곡물과 견과, 씨앗으로 만드는 한식 집밥과 글로벌 건강식을 소개합니다.

- 표준화된 계량 도구를 사용했습니다. 1컵은 240㎖, 1큰술은 15㎖, 1작은술은 5㎖입니다.

- 레시피의 모든 재료는 별도의 표기가 없어도 씻어서 물기를 뺀 후 지저분한 부분을 제거하고 사용합니다. 레시피의 모든 견과는 별도의 표기가 없는 한 기본적으로 생견과를 사용합니다.

- 레시피를 보는 순서는 다음과 같아요. 요리 완성 사진 → 난이도 → 총 조리 시간을 보며 상황과 기호에 따라 만들고 싶은 요리를 선택하세요. 요리하기 전 준비하기와 NOTE를 꼭 숙지하세요.

- 레시피의 난이도는 상 · 중 · 하 3단계로 나뉘며 기호 ●의 개수로 표시했습니다. 난이도 옆의 시간은 총 조리 시간입니다. 대략적인 시간을 기재한 것으로 상황에 따라 달라질 수 있어요. 조리 분량은 1인분부터 5인분까지 각 요리에 따라 만들기 편한 분량으로 준비했습니다.

- 이 책은 유튜브 〈서정아의 건강밥상〉의 인기 레시피부터 유튜브 미공개 레시피를 담고 있습니다. 본문에 기재된 QR코드를 스마트폰 카메라로 스캔하면 만들기 과정을 참고하실 수 있어요.

프롤로그

안녕하세요.
미국에서 건강 요리 연구가로, 〈서정아의 건강밥상〉이라는 유튜브를 운영하며 건강한 집밥 레시피를 만들고, 나누고 있는 서정아입니다.
좋아하는 메뉴를 골라 장바구니에 담고 클릭 한 번이면 한 끼를 해결할 수 있는 세상에서 신선한 식재료로 직접 만들어 먹는 요리의 가치를 전하고 싶어 책을 쓰게 되었습니다.

《나를 위한 가벼운 집밥책》은 몸이 가벼워지는 채식, 삶에 활력을 주는 든든한 채소 요리를 가장 간단하고 맛있게 즐기는 다양한 방법을 알려주는 책이에요.
샐러드나 나물 반찬에서 벗어나 좀 더 다채로운 채식 식단이 필요하신 분들, 화학조미료와 가공식품을 줄이고 싶은 분들, 나와 가족의 건강을 위한 요리를 찾는 분들을 위한 집밥을 제안드리고자 합니다.
여기에 더해 단순한 재료로 만드는 요리, 주재료 하나만 있다면 집에 있는 자투리 채소로 뚝딱 완성되는 간편하고 알뜰한 레시피를 담았어요. 식재료 본연의 맛을 활용하고, 자연의 맛을 최대한 끌어내는 건강 요리지만 결코 맛을 놓치지 않았다는 것을 말씀드려요.
채소와 과일, 통곡물, 견과와 씨앗으로 요리하는 《나를 위한 가벼운 집밥책》이 독자 여러분들에게 건강하고 활기찬 삶, 평화롭고 행복한 삶을 가져다주기를 진심으로 기도합니다.

그럼, 나를 위한 가벼운 집밥의 세계로 출발해볼까요?

서정아

이 책의 요리 Q&A

Q1. 이 책에서 소개하는 요리를 설명해주세요.

채소로 만드는 영양 만점 집밥 요리를 담았습니다. 단순한 재료, 간편한 방법으로 만들어서 요리 경험이 없는 분들도 쉽게 따라 할 수 있는 책이랍니다.

이 책에서는 건강상의 이유나 가치관의 이유로 채식을 하는 분들, 채식을 시작하고 싶은 분들이 많이 고민하시는 영양 균형을 맞춘 레시피를 소개해요. 그중에서도 동물성 단백질은 완전 배제한 채식 레시피를 담고 있어요. 저의 요리는 우리나라 분들이 잘 사용하지 않는 향신채, 허브를 사용해 감칠맛을 극대화해요.

나와 가족을 위해 건강한 한 끼를 즐기고 싶은 분들, 지속 가능하고 다양한 채식을 즐기고 싶은 분들이라면 이 책을 통해 새로운 집밥의 세계를 경험하실 거예요.

Q2. 채식을 실천하는 건강 요리 연구가이자 유튜브 크리에이터 〈서정아의 건강밥상〉으로 활동하게 된 계기는 무엇인가요?

약하게 태어난 저를 위해 채소 요리를 만들어주신 어머니 덕분이에요. 건강을 위해 어릴 적 시작한 채식을 지금까지 이어오며, 어머니로부터 자연스레 전수받은 레시피를 전하기 시작한 지 20년이 훌쩍 넘었네요.
한국과 미국 시카고의 지역 신문과 건강 잡지에 레시피를 기고하고 지역 사회를 위한 건강 요리 클래스를 운영하며, 음식이 필요한 비영리 단체나 홀로 계신 어르신들을 위해 식단을 짜고 도시락을 만들어 전달하는 봉사활동을 하고 있습니다.
유튜브를 시작한 계기도 더 많은 분과 건강한 요리를 나누고자 하는 마음 때문이었어요. 제가 살고 있는 미국은 채식이 일상적인 곳입니다. 다채로운 채식 요리가 무궁무진하죠. 그래서 저처럼 해외에 살며 이국적인 채소를 사용해야 하시는 분들, 그리고 한국에 계신 분들이 요긴하게 활용하실 수 있는 우리 입맛에 맞는 채식 레시피를 전해드리고 싶었어요.

Q3. 선생님 요리의 지향점, 레시피를 개발하실 때 가장 염두에 두시는 부분이 있으신가요?

레시피를 만들 때 가장 먼저 고민하는 부분은 건강이에요. 영양이 고루 가미된 식단이 될 수 있도록 노력해요. 채소의 보관이나 손질법에서 연상되는 번거로움을 최소화하도록 간편하고 간단한 조리법을 고민합니다. 식재료 본연의 맛을 살리기 위해 화학조미료나 인공감미료 대신 자연 그대로의 풍미를 살리는 천연조미료를 제안하고 있어요. 특히 대부분 사람이 제한적이라고 생각하는 채식 요리의 다양성을 높이고 채식 요리의 범위를 넓히기 위해 많이 고민합니다. 채식을 실천하는 분들에게 새로운 발상과 작은 노하우들을 제공하는 역할을 하려고 합니다.

Q4. 요리하는 기쁨을 누구보다 잘 알고 계실 것 같아요. 선생님에게 요리란 무엇인가요?

어느 날 나무 도마 위에 올려 둔 빨간색 파프리카, 초록색 아보카도, 주황색 당근, 연둣빛 풋콩 등 색색의 채소들이 햇살을 받아 반짝이는 모습을 보았어요. 문득 '어머, 이건 사람이 만들어낼 수 있는 색이 아니구나' 하는 생각이 들었습니다. 다양한 영양소가 담긴 색색의 아름다운 채소들을 투박한 한 그릇 안에 그림을 그리듯 하나씩 하나씩 천천히 담으면서 얼마나 행복해했는지 모른답니다.
요리란 마음을 나누는 것이라고 생각해요. 내가 직접 만드는 한 상이 나와 가족의 건강을 지켜주고, 홀로 밥상을 대하는 지친 이들에게 따뜻한 위로를, 건강이 약해져 고민이 많은 이들에게 용기를 주고, 사랑하는 이웃을 모으는 도구라고 생각합니다.
이 책의 다양한 요리들을 만나실 때 저와 같은 기쁨을 느끼시길 바라요. 요리를 하는 동안 채소가 가진 햇살과 바람, 흙 내음과 빗소리와 마주하며 자연과 더 가까워지는 행복한 시간이 되시길 바랍니다.

차례

PART 3

현지 맛 그대로, 글로벌 건강식

PART 4

몸이 가벼워지는 브런치와 밀프렙

PART 5

활력 있는 하루를 위한 음료와 스낵

채소

이 책의 모든 요리는 신선한 채소를 사용해 만들어요. 버터와 달걀, 고기, 생선 등의 모든 동물성 단백질을 제한하며 재료 본연의 맛을 살리는 맛있고 건강한 요리를 담고 있습니다.

채소는 열량이 낮으며 당분 걱정이 없는 진정한 슈퍼푸드입니다. 채소에는 건강을 지키기 위해 섭취해야 하는 영양소 비타민과 무기질, 식이섬유뿐 아니라 신진대사에 꼭 필요한 단백질, 파이토케미컬, 효소가 풍부하게 들어 있어요.

특별히 이 책에서는 어느 집에서나 흔히 볼 수 있는 당근, 감자, 양파와 같은 냉장고 속 자투리 채소부터 래디시, 레몬, 아보카도, 유초이 등 이색적이고 이국적인 채소를 다양하게 사용합니다. 채소로 다채로운 요리, 든든한 한 끼가 완성되는 즐거움을 맛보세요.

곡물과 콩류

곡물과 콩은 채식에서 빠질 수 없는 중요한 재료입니다. 생명을 유지하는 데 필요한 탄수화물과 단백질이 듬뿍 담겨 있어 메인 요리로, 반찬으로, 샐러드나 음료의 주재료로 다양하게 활용합니다.

병아리콩

콩의 생김새가 병아리 머리와 부리 모양을 닮았다고 하여 붙여진 이름이에요. 병아리콩은 고영양 식품으로 단백질과 섬유질이 풍부한 밤 맛이 나는 콩입니다. 식감이 부드러워 후무스와 같은 딥소스나 스프레드, 수프나 커리 요리에 주로 활용합니다.

렌틸콩

콩의 생김새가 볼록한 렌즈를 닮아 렌즈콩으로도 불립니다. 단백질과 비타민B, 철, 인, 섬유질이 풍부합니다. 갈색, 노란색, 주황색 등 색색의 렌틸콩은 저마다 조리 시간에 차이가 있으니 용도에 따라 사용하세요.

오트밀

오트밀은 도정하고 가공한 귀리(oat)를 말합니다. 귀리의 겉겨를 벗기고 찐 후 가볍게 볶아 말린 것을 의미하는데, 가공 방법에 따라 종류가 다양합니다. 이 책에서는 요리 시간을 단축하면서도 영양 성분을 그대로 가지고 있는 두 종류의 오트밀을 사용했어요. 납작하게 눌러 가공해 납작귀리로 불리는 롤드오트밀과 두세 조각으로 잘라 가공해 자른귀리로 불리는 스틸컷오트밀입니다. 별도의 표기가 없는 한 레시피의 오트밀은 롤드오트밀을 사용해주세요.

현미

현미는 도정하지 않은 쌀이에요. 복합탄수화물이며 단백질, 비타민, 식이섬유 등이 풍부해요. 쌀의 영양 성분을 오롯이 가지고 있고 장을 튼튼하게 하며 혈당 지수가 낮아 당뇨 예방과 개선에 도움을 준답니다.

퀴노아

쌀보다 작은 좁쌀 크기의 곡물로 단백질과 섬유질이 풍부한 고단백 식재료임에도 글루텐이 없어 전 세계적으로 인기가 많은 슈퍼푸드입니다. 흰색, 붉은색, 갈색, 검은색 등 다양한 색상을 가지고 있으며 쌀과 비슷한 방법으로 조리합니다. 밥처럼 지어 먹거나 스프나 베이킹, 샐러드의 주재료로 활용합니다.

스플릿피

스플릿피(split pea)는 완두콩을 말려 껍질을 제거한 후 반으로 쪼갠 콩을 말해요. 요리 시간을 단축시키는 재료이며 노란 완두콩은 부드럽고, 초록 완두콩은 단맛이 도는 특징이 있어요.

땅콩

대표적인 고지방, 고단백, 고열량 식품입니다. 땅콩에는 13종의 비타민과 26종의 무기질 등 다양한 영양 성분이 들어 있어요. 특유의 고소한 맛과 향으로 볶아서 먹거나 한식 반찬은 물론 샐러드, 베이킹, 스무디, 넛버터 등 다양한 요리에 활용합니다.

검은콩

대표 블랙푸드로 양질의 단백질은 물론 안토시아닌이 풍부해 혈액 순환에 도움을 주고 식물성 에스트로겐이라 불리는 이소플라본이 풍부해 피부를 매끄럽게 하고 노화 방지에 탁월한 재료입니다.

두부

채식 요리의 가장 기본이 되는 재료인 두부는 콩물에 간수 등을 넣어 굳혀 만든 가공식품입니다. 볶음, 구이, 샐러드 등 모든 요리에 잘 어울리며 단단한 두부, 부드러운 두부, 순두부 등 가공 방법에 따라 종류가 다양합니다.

견과와 씨앗

견과와 씨앗은 건강한 지방산과 항산화 물질이 풍부한 식품입니다. 노화를 더디게 하고 심장을 건강하게 하며 피부의 결과 색을 곱게 만들어줍니다. 밀폐 용기에 담아 냉동 보관해두고 사용하세요. 소량 구매해 신선한 재료로 섭취하는 것을 추천합니다.

피스타치오

단단한 타원형 껍질 속에 담겨 녹빛을 띠는 열매입니다. 눈 건강에 좋은 루테인과 지아잔틴이 풍부하고 다른 견과에 비해 열량이 낮으면서도 단백질과 섬유질이 풍부해 포만감을 유지해줍니다.

캐슈너트

구부러진 달 모양을 한 열매로 대표적인 유제품 대체 재료입니다. 부드러운 질감과 중성적인 맛과 향, 약간의 단맛을 가지고 있어 식물성 요거트와 크림치즈, 마요네즈 등을 만들 때 사용합니다.

해바라기씨

해바라기씨 약 30g에는 비타민E의 일일 권장량 35%가 함유되어 있어요. 플라보노이드와 페놀산, 토코페롤 등의 항산화 물질이 듬뿍 담겨 있어 면역력 향상과 노화 방지에 도움을 줍니다.

플랙시드

아마의 씨를 말합니다. 지구상에 존재하는 모든 식물 중 오메가3 지방산 함량이 가장 높은 식재료입니다. 플랙시드가루는 주로 물과 함께 섞어 달걀 대체 재료로 사용합니다.

피칸

견과류 중 항산화 효과가 가장 뛰어난 식품이에요. 피칸의 지방 90%가 불포화지방산이며 올리브오일보다 풍부한 올레산을 함유하고 비타민E가 풍부합니다. 샐러드의 토핑이나 베이킹, 스낵의 재료로 활용합니다.

호두

호두는 오메가3 지방산인 알파-리놀레산이 다량 함유되어 있어요. 건조한 피부에 윤기를 주고 주름 방지에도 도움이 되지요.

햄프시드

대마의 씨를 말합니다. 저탄수화물, 고단백질, 다량의 불포화지방산과 칼슘이 들어 있어 전 세계인의 사랑을 받고 있는 슈퍼푸드입니다. 고소하고 부드러운 식감으로 통깨와 같이 고추장이나 쌈장에 넣어 먹거나 샐러드나 스프에 넣어 영양을 더하는 데 활용합니다.

검정깨

흑임자, 검은 참깨를 말합니다. 검은콩과 함께 블랙푸드 대표 주자로 뼈를 튼튼하게 하고 피부를 촉촉하게 하며 건강한 모발 유지에 도움을 줍니다. 주로 음료나 요리의 토핑으로 활용합니다.

치아시드

2㎜라는 작은 크기, 검은색 속 흰색 반점이 있는 타원형의 멕시코 원산 슈퍼푸드입니다. 흡습성이 있는 씨앗으로 액체에 닿았을 때 액체 무게의 최대 12배를 흡수해 독특한 젤 식감을 제공합니다. 글루텐 프리이며 맛과 향이 없어 토핑용 재료로 다양하게 활용됩니다.

호박씨

평평한 달걀 모양으로 껍질을 제거하면 밝은 녹색을 띠는 씨앗입니다. 오메가3 지방산, 단백질, 식이섬유를 다량 함유하고 있습니다.

아몬드

탄수화물이 거의 없어 저탄수화물 식단을 원하시는 분들, 당뇨 환자분들에게 좋은 열매입니다. 주로 케이크나 빵, 스낵, 넛버터의 재료로 활용됩니다.

헤이즐넛

개암나무의 열매로 향이 좋아 커피나 초콜릿, 스낵 등 다양한 요리에 활용됩니다. 헤이즐넛은 항산화 물질인 페놀화합물이 풍부해 혈중 콜레스테롤과 체내 염증을 줄이는 데 도움을 줍니다. 특히 헤이즐넛 껍질에 항산화 성분이 집중되어 있으니 껍질과 함께 섭취하세요.

들깨

우리나라를 포함해 동아시아 등지의 주요 식재료입니다. 주로 씨앗을 볶아 기름을 짜거나 갈아서 양념이나 가니시로 사용합니다. 들깨의 성분 중 60%가 우리 몸의 필수지방산인 오메가3 지방산으로 이루어져 있습니다.

향신채

향신채란 음식에 풍미를 더하는 채소를 말합니다. 우리 몸에 이로운 성분이 많은 향신채를 잘 사용한다면 더 맛있고 건강한 요리를 만들 수 있어요. 마늘 외의 향신채는 젖은 타올에 감싸 냉장 보관하거나 용기에 물을 채워 줄기 아랫부분이 닿도록 보관하면 오래 두고 사용할 수 있어요.

마늘

마늘은 손질 방법에 따라 사용을 달리합니다. 용도에 따라 굵거나 잘게 다져 사용하거나 깔끔하게 편 썰어 사용합니다. 살균과 항균 작용을 가진 마늘은 지금까지 알려진 지구상의 모든 재료 중 가장 강력한 항암 효능을 가진 재료입니다. 그 외에도 염증 개선, 혈압 개선, 피로 회복, 노화 방지 등 다양한 효능이 있답니다.

루콜라

영어로는 아루굴라(arugula), 프랑스어로 루콜라(rucola)라고 불립니다. 고소하고 쌉쌀한 맛이며 특별한 향이 있어 요리의 풍미를 살려줍니다. 주로 피자와 샐러드의 재료로 사용해요.

바질

토마토와 잘 어울리는 향신채로 이탈리아 요리에 주로 쓰이는 재료입니다. 주로 어린잎을 사용하며 신선한 잎 그대로 사용하거나 말려서 사용해요.

민트

기운을 북돋아주는 상쾌한 민트는 통증과 피로를 풀어주고 메스꺼움, 두통을 완화시키는 등 진정 효과를 가진 재료입니다. 샐러드에 소량 넣어 풍미를 돋우거나 레몬에이드, 라임 같은 음료에 첨가해 청량감을 살리는 데 활용해요.

고수

동남아시아와 중국 등지에서 주로 쓰이는 재료로 특유의 향이 특징입니다. 샐러드와 샌드위치부터 딥소스, 국물 요리, 볶음 요리 등 다양한 음식과 잘 어울리며 주로 요리 위에 얹어 사용해요.

이탈리안 파슬리

파슬리에 비해 향이 진하고 잎이 곧고 넓은 것이 특징입니다. 구수하면서도 독특한 향이 있어 향을 더하기 위한 요리에 사용합니다.

딜

유럽에서 자주 사용하는 재료로 신비스러운 모양과 함께 상쾌한 향이 특징입니다. 오래 가열하면 향이 사라지기 때문에 샐러드에 잘게 생으로 썰어 넣거나 스프, 샌드위치에 소량 얹어 사용해요.

파슬리

잘게 썰어 음식 위에 뿌리면 상큼한 맛으로 요리의 풍미를 돋우는 재료입니다. 비타민A와 비타민C가 풍부하며 철, 칼슘, 마그네슘이 함유되어 있어요. 토마토와 궁합이 좋아 주로 파스타나 수프 요리에 사용합니다.

파

한식의 필수 향신채인 파는 가늘게 썰어 생으로 사용하는 것이 가장 좋습니다. 양파와 함께 사용할 때 궁합이 좋으며, 국물 요리나 무침 요리, 샐러드나 스프 등 거의 모든 요리에 송송 썰어 올려 사용해요. 본문 레시피에서는 별도의 표기가 없는 한 쪽파를 사용했어요. 대파를 사용하시는 분들은 재료 분량을 줄여서 사용하세요.

GINGER
TURMERIC
Wholesome
100% PURE
BLUE AGAVE
FRONTIER CO-OP
Smoked PAPRIKA
NON-IRRADIATED
365
Onion Powder
LA TOURANGELLE
EXTRA VIRGIN OLIVE OIL
Bright & Peppery
ORGANIC
EARLY HARVEST
Simply Organic
vanilla
FLAVORING
FRONTIER CO-OP
Garlic POWDER
⅛ Teaspoon = 1 clove
NON-IRRADIATED
Chosen FOODS
100% PURE AVOCADO OIL
16.9 FL OZ (1.06 PT) 500mL
BRAGG
EST. 1912
LIQUID AMINOS
GLUTEN-FREE
Soy Protein Seasoning
16 FL OZ (1 PT) 473mL

주요 양념

이 책에서 주로 사용한 양념류입니다. 채식 요리에 간을 맞추고 감칠맛과 향을 더해주는 재료들이에요. 화학첨가물 대신 천연 재료로 만드는 건강한 제품을 선택하세요. 좋은 성분을 가진 양념은 음식의 맛과 질을 월등히 높여줍니다.

소금

굵은소금은 채소를 절이거나 빵이나 크래커에 올려 맛을 내는 데 사용해요. 블랙솔트는 검은빛이 도는 분홍빛 소금으로 유황이 함유되어 있어 달걀 향을 냅니다.

원당, 케인슈거

천연 당밀인 사탕수수로 만든 비정제 설탕입니다. 정제 설탕인 일반 설탕보다 당도는 떨어지지만 정제 공정을 거치지 않아 미네랄, 마그네슘, 칼슘 등의 영양소를 그대로 함유하고 있습니다.

조청

단맛을 내는 엿의 종류로 원재료에 따라 옥수수 조청, 보리 조청, 쌀 조청 등 종류가 다양합니다.

메이플시럽

북미에서 자생하는 설탕단풍나무에서 얻은 수액을 조려 가공한 달콤한 시럽입니다. 조청보다 강한 단맛으로 기호에 따라 가감해 사용하세요.

아가베시럽

아가베넥타로도 알려진 아가베시럽은 멕시코 원산 식물인 용설란이라 불리는 아가베의 추출물과 과당의 혼합물로 깔끔한 단맛이 특징입니다.

커리가루

고수, 강황, 큐민, 후추, 메이 잎, 셀러리 씨, 넛맥, 정향 등을 혼합한 향신료입니다.

파프리카가루

파프리카를 탈수하고 연기로 건조해 곱게 갈아 만든 향신료입니다. 훈연향이 필요한 요리에 감칠맛을 더하는 용도로 사용해요.

양파가루

양파를 탈수하고 건조해 곱게 갈아 만든 향신료입니다. 샐러드드레싱과 소스, 수프 등 양파가 필요한 모든 요리에 간편하게 사용할 수 있어요. 생양파보다 보관이 쉽고 깔끔한 매운맛을 낼 수 있어요.

마늘가루

마늘을 탈수하고 건조해 곱게 갈아 만든 향신료입니다. 양파가루와 마찬가지로 마늘이 필요한 모든 요리에 간편하게 사용할 수 있으며, 생마늘보다 보관이 쉽고 위가 약한 사람도 속 편히 먹을 수 있어요.

바닐라익스트랙

바닐라빈과 에틸알코올, 물을 섞어 만든 진갈색 액체입니다. 진한 바닐라 향이 필요한 베이킹, 음료의 재료로 사용해요.

리퀴드아미노스

제가 자주 사용하는 간장 대체 재료입니다. 나트륨을 첨가하지 않은 비발효 천연 간장으로 자연적으로 발생한 아미노산과 나트륨이 들어 있어요. 물론 집에서 사용하시는 간장을 사용하셔도 좋아요.

엑스트라버진 올리브오일

올리브 열매를 압착해 만든 오일입니다. 발연점이 낮아 샐러드에 사용하기 좋아요.

아보카도오일

아보카도를 압착해 만든 오일입니다. 저는 식용유로 아보카도오일을 사용했어요. 포도씨오일처럼 발연점이 높아 요리할 때 사용하기 좋아요. 집에서 식용유로 사용하시는 다른 오일을 사용하셔도 좋아요.

뉴트리셔널이스트

비활성화된 효모로 비타민B군과 단백질이 풍부하며 치즈 향이 특징인 시즈닝입니다. 치즈 맛이 필요하거나 요리의 감칠맛이 필요할 때 사용해요.

재료별 알뜰 레시피

주재료만 있으면 집에 있는 자투리 채소로 풍성한 한 끼가 뚝딱!
익숙한 재료도 새로운 레시피로 만들면 근사한 요리가 됩니다.

<table>
<tr><th>견과와 씨앗류</th><th>곡물과 콩류</th><th>오트밀</th><th>두부</th><th>버섯</th><th>아보카도</th></tr>
<tr><td>넛버터</td><td>콩고기</td><td rowspan="2">두부 오트밀 동그랑땡</td><td>5분 완성 요거트</td><td>채수 큐브</td><td>아보카도장</td></tr>
<tr><td>크림치즈</td><td>콩고기볼</td><td>두부마요네즈</td><td>또르르 메밀쌈</td><td>과카몰리</td></tr>
<tr><td>파마산치즈가루</td><td>콩물마요네즈</td><td>오트밀 파전</td><td>두부 오트밀 동그랑땡</td><td>새송이 닭갈비 덮밥</td><td>파히타</td></tr>
<tr><td>견과무침</td><td>콩고기볼 야채볶음</td><td>오트밀 팬케이크</td><td>참깨구이 만두</td><td>채개장</td><td>아보카도 테마끼</td></tr>
<tr><td>캐슈 사골 떡국</td><td>콩가스 밥</td><td>김치 오트밀죽</td><td>두부 스크램블 쌈밥</td><td>양송이 수프</td><td>ACT 샐러드</td></tr>
<tr><td>땅콩소스 볶음면</td><td>코코넛 커리</td><td>버섯 오트밀죽</td><td>두부 반미</td><td>들깨 버섯 덮밥</td><td>초록잎 들깨 샐러드</td></tr>
<tr><td rowspan="2">고구마면 아몬드 비빔국수</td><td>참치 오픈 샌드위치</td><td rowspan="2">시금치 된장 오트밀죽</td><td>케일 스프링롤</td><td></td><td rowspan="2">생채소 캘리포니아롤</td></tr>
<tr><td>제니스 샐러드</td><td>오렌지 두부 부다볼</td><td></td></tr>
<tr><td>오이면 캐슈국수</td><td>차돌박이 샐러드</td><td rowspan="2">들깨 순두부 오트밀죽</td><td>타이 레터스랩</td><td></td><td>옥수수 병 샐러드</td></tr>
<tr><td>아몬드 크래커</td><td>퀴노아 병 샐러드</td><td>병아리콩 마파두부</td><td></td><td></td></tr>
<tr><td>에너지바</td><td>옥수수 병 샐러드</td><td>바나나 오트 스무디</td><td>두부 프렌치토스트</td><td></td><td></td></tr>
<tr><td>요거트 과일 바크</td><td>검은콩깨 두유</td><td></td><td>채소 비빔밥</td><td></td><td></td></tr>
<tr><td></td><td>병아리콩 스낵</td><td></td><td>채소 김밥</td><td></td><td></td></tr>
<tr><td></td><td>콩물 머랭 쿠키</td><td></td><td>채소 쌀피 만두</td><td></td><td></td></tr>
</table>

무	당근	오이	애호박, 주키니	연근	래디시
바로 먹는 단무지	두부 반미	오이 티 샌드위치	주키니 강낭콩 덮밥	삼색 연근전	래디시 총각김치
또르르 메밀쌈	당근 수프	ACT 샐러드	시금치 수제비	영양 톳밥	
	채소 김밥	캐슈크림 오이 샐러드			
		오이면 캐슈국수			

고구마	피망, 파프리카	아스파라거스	배추	양배추	상추, 양상추
고구마면 아몬드 비빔국수	녹두당면 원팬 잡채	아스파라거스 마늘구이	배추 물김치	양배추전	두부 스크램블 쌈밥
	콩고기볼 야채볶음		배추말이전	양배추 간장국수	타이 레터스랩
오이면 캐슈국수		콩가스 밥	우거지 들깨탕	양배추 밥 샐러드	
코코넛 커리					

청경채	시금치	유초이	케일	토마토	오렌지
청경채찜	찐 채소 나물밥	유초이 김치	케일전	토마토소스	오렌지 두부 부다볼
	시금치 수제비		찐 채소 나물밥	라따뚜이	오렌지 비트 샐러드
	시금치 된장 오트밀죽		케일 스프링롤	포모도로 파스타	
			그린 주스		
			케일칩		

사과	대추야자	강황	들깻가루	토르티야	면류
브로콜리 병 샐러드	데이츠 스낵	강황 야채볶음밥	셀러리 들깨 나물	파히타	녹두당면 원팬 잡채
사과 도넛	에너지바	강황 라테	찐 채소 나물밥	팬 나초	땅콩소스 볶음면
사과소스 메밀 막국수			들깨향 가득 비빔국수		들깨향 가득 비빔국수
그린 주스			초록잎 들깨 샐러드		사과소스 메밀 막국수
			들깨 버섯 덮밥		쌀국수 병 샐러드

PART 1

정말 간편한 맛 보장 킥 레시피

5분 완성 요거트

난이도 ● **5분**

특별한 맛이나 향이 없는 프로바이오틱스 또는 프리바이오틱스를 넣어 만들면 발효하지 않아도 바로 먹을 수 있는 식물성 플레인 요거트가 된답니다.

재료(3컵)

불린 캐슈너트 1컵
단단한 두부 1모
레몬즙 3~4큰술
바닐라익스트랙 1/4작은술
프로바이오틱스 2~3개(또는 프리바이오틱스)
원당 2큰술(선택사항)
물 적당량

준비하기

- 불린 캐슈너트를 준비해주세요. 볼에 캐슈너트를 담고 뜨거운 물을 부어 5~10분간 불린 뒤 물기를 완전히 제거합니다.

만들기

1 믹서에 모든 재료를 넣고 초고속 속도로 아주 곱게 갈아줍니다.
TIP 기호에 따라 원당 또는 메이플시럽을 넣어도 좋아요.

2 물은 적당량 넣어 원하는 농도를 만들어줍니다.

NOTE

- 단단한 두부로 만들면 되직한 질감이 더 또렷한 요거트, 부드러운 두부로 만들면 묽고 부드러운 요거트가 된답니다.
- 완성된 요거트는 냉장 보관 시 약 5일간 맛있게 먹을 수 있어요.

넛버터

난이도● **10분**

부드럽고 고소한 넛버터는 오트밀죽에 넣어 먹거나 달콤한 잼과 함께 샌드위치에 발라 먹기도 하고, 오트 스무디나 국물 요리에도 잘 어울리는 킥 소스입니다.

재료(1과 1/2컵)

견과류 3컵(아몬드, 땅콩, 헤이즐넛, 해바라기씨, 참깨 등)

아보카도오일 1과 1/2~3큰술

소금 약간

준비하기

- 좋아하는 견과 한 종류를 준비해주세요.

만들기

1 베이킹 팬에 견과를 한 겹으로 깔고 175도로 예열한 오븐에서 8~12분간 굽습니다.

TIP 알맹이가 큰 견과류는 3컵을 기준으로 오븐에서 12분 내외로 굽고, 알맹이가 작은 씨앗류는 3컵을 기준으로 8분간 구워주세요. 중간중간 잘 솎아가며 구워주세요.

2 실온에서 완전히 식힌 후 믹서에 나머지 재료와 함께 넣고 곱게 갈아줍니다. 컨테이너에 붙은 재료를 긁으면서 갈아주세요.

TIP 아보카도오일은 견과 1컵당 1/2~1큰술을 넣어주세요. 무염 넛버터를 만들 경우 소금을 넣지 않아요.

NOTE

- 오븐이 없다면 팬에서 볶아주세요. 중불에서 견과류가 갈색이 되고 향이 날 때까지 약 5~10분간 저어가며 볶아주세요.
- 이제 막 구워낸 견과는 농축된 오일 상태라고 볼 수 있기 때문에 식히지 않고 믹서에 갈면 점점 더 뜨거워져요. 반드시 완전히 식힌 뒤 믹서에 갈아주세요.
- 초고속 믹서가 없다면 먼저 분량 외로 아보카도오일 1~2큰술을 넣으면 잘 갈립니다.
- 헤이즐넛을 굽는다면, 껍질째 구우세요. 헤이즐넛이 구워지면 키친클로스로 싸서 1분간 둔 후 다시 키친클로스로 문지르면 껍질이 쉽게 벗겨져요. 껍질을 완벽히 제거하지 않아도 괜찮아요.
- 이 책의 레시피에서는 주로 땅콩버터와 아몬드버터, 참깨버터를 사용했어요. 완성된 넛버터는 밀폐 용기에 담아 냉장 보관하면 약 3개월간 사용할 수 있어요. 쓰고 남은 견과는 밀폐 용기에 담아 냉동 보관하세요. 냉동 보관 시 최대 1년까지 사용할 수 있어요.

크림치즈

난이도 ●● 10분

담백한 캐슈너트에 레몬의 산미와 차이브의 개운한 맛, 간간이 느껴지는 고추의 매콤함이 잘 어우러진 식물성 크림치즈입니다.

재료(1과 1/2컵)

불린 캐슈너트 1과 1/2컵
매운 고추 1작은술
차이브 3큰술(또는 파)
레몬즙 3큰술
양파가루 1/2작은술
소금 1/3작은술
물 1/3컵

준비하기

- 불린 캐슈너트를 준비해주세요. 볼에 캐슈너트를 담고 뜨거운 물을 부어 5~10분간 불린 뒤 물기를 완전히 제거합니다.

만들기

1 믹서에 불린 캐슈너트와 레몬즙, 양파가루, 소금, 물을 넣고 곱게 갈아줍니다. 컨테이너 옆면에 묻은 것들을 긁으면서 갈아주세요.

TIP 갓 짜낸 레몬의 즙이 신선하고 단맛이 돌아 추천하지만, 시판용 레몬즙을 사용해도 괜찮아요.

2 매운 고추는 씨를 제거한 후 잘게 썰고, 차이브는 송송 썹니다.

3 밀폐 용기에 담아 냉장 보관해두고 사용하세요.

TIP 기호에 따라 원당 또는 소금을 추가해 달콤한 맛의 크림치즈나 쏠티드 크림치즈를 만들어 볼 수 있어요.

NOTE

- 생캐슈너트나 구운 캐슈너트 둘 다 사용 가능해요. 대신 생캐슈너트를 사용하면 본연의 부드러운 맛을 더 잘 느낄 수 있답니다.
- 크림치즈를 만들 때는 수분 조절이 가장 중요해요. 믹서에 캐슈너트를 갈 때 수분이 부족하다 느껴지면 물을 1큰술씩 넣어가며 갈아주세요. 반대로 수분이 많으면 굳는 데 시간이 많이 걸리고 되직한 질감이 나오지 않아요. 최소량의 물을 넣어야 시판 크림치즈와 비슷한 질감이 나온답니다.
- 냉장 보관 시 5~6일, 냉동 보관 시 2달까지 사용할 수 있어요. 냉동한 크림치즈는 사용 전 실온에서 해동 후 잘 섞어서 사용하세요.

파마산치즈가루

난이도 ● **5분**

뉴트리셔널이스트를 사용해 영양을 더하고, 맛도 향도 치즈와 가까워 활용하기 좋은 식물성 파마산치즈가루입니다.

재료(1과 1/2컵)

캐슈너트 1컵
뉴트리셔널이스트 1/4컵
마늘가루 1/2작은술
소금 3/4작은술

만들기

1 모든 재료를 푸드프로세서에 넣고 10~15초간 갈아주세요.

TIP 치즈가루의 질감이 느껴지도록 푸드프로세서에 살짝만 갈아줍니다. 믹서를 사용한다면 덩어리지지 않도록 낮은 속도로 나눠서 갈아주세요.

2 밀폐 용기에 담아 냉장 보관합니다.

NOTE

- 식물성 파마산 치즈 역시 피자나 파스타 또는 샐러드나 스프 위에 뿌려 드세요. 시판용 못지않게 고급스러운 치즈의 맛과 향을 더할 수 있어요.
- 만약 캐슈너트가 없다면 아몬드, 해바라기씨, 햄프시드처럼 향이 강하지 않은 견과류나 씨앗류로도 만들 수 있어요.
- 밀폐 용기에 담아 냉장 보관하면 약 30일, 깨끗이 덜어가며 사용하면 약 60일까지도 사용할 수 있어요.

두부마요네즈

난이도 ●　　5분

식용유 한 방울 들어가지 않았지만 두부로 만들어 고소하고 담백한 식물성 마요네즈입니다.

재료(1컵)

단단한 두부 1모
캐슈너트 1/2컵
레몬즙 1과 1/2큰술
디종 머스터드 1큰술
메이플시럽(선택사항)
소금 1작은술

준비하기

- 단단한 두부를 준비해주세요. 부드러운 두부를 사용해야 한다면 두부를 눌러두어 물기를 제거한 후 사용합니다.

만들기

1　믹서에 두부를 툭툭 잘라 넣고 캐슈너트, 레몬즙, 머스터드, 소금을 넣고 곱게 갈아주세요.

TIP 기호에 따라 소금이나 메이플시럽을 가감해 사용하세요.

NOTE

- 두부에 물기가 많으면 마요네즈가 묽어져요. 이때는 캐슈너트를 더 넣어 농도를 되직하게 만들어주면 좋아요. 또 두부마요네즈는 냉장고에 넣어두면 조금 더 되직해진답니다.
- 두부마요네즈는 간이 센 레시피가 아니에요. 혹시 두부의 향을 좋아하지 않거나 좀 더 부드럽고 단맛이 도는 마요네즈를 원하신다면 캐슈너트 1/4컵을 더 넣고 갈아주세요. 캐슈너트는 은은한 단맛을 가진 견과류랍니다.
- 냉장 보관 시 약 5일간 사용할 수 있어요. 사용 기한이 짧기 때문에 식물성 마요네즈를 처음 맛보신다면 귀한 식재료들이 낭비되지 않게 레시피의 양을 절반으로 줄여 만들어보고, 차츰 양을 늘려보세요.

콩물마요네즈

난이도 ●● 10분

여러 해 전 프랑스 작은 햄버거집에서 맛본 콩물마요네즈예요. 구름처럼 뽀얗고 몽실몽실한 마요네즈가 얼마나 상큼하고 부드러웠는지 지금도 입안에 맴도는 것 같아요.

재료(1컵)

병아리콩 콩물 1/2컵
레몬즙 1큰술
겨잣가루 1/2작은술
아보카도오일 2컵
소금 1/2작은술(또는블랙솔트)

[병아리콩 콩물]
병아리콩 1컵
물 3컵

준비하기

- 병아리콩 콩물을 준비해주세요. 간편하게 통조림 병아리콩의 콩물을 사용해도 좋아요.

병아리콩 콩물

1 병아리콩은 깨끗이 씻어 물에 담가 하룻밤 불립니다.
2 불린 병아리콩은 물에 헹구고 냄비에 담아 물 3컵을 넣고 중불에서 끓입니다.
3 끓어오르면 약불로 낮추고 거품을 걷어가며 1시간 반~2시간가량 끓입니다.
4 불을 끄고 뚜껑을 덮은 후 1시간 동안 그대로 둡니다.
5 다시 냉장고에 넣어 2~3일가량 숙성합니다.
6 삶은 병아리콩은 건져내고 콩물은 냉장 보관해 사용합니다
TIP 냉장 보관 시 약 2주간 사용할 수 있어요.

만들기

1 믹서에 병아리콩 콩물, 레몬즙, 겨잣가루, 소금을 넣고 낮은 속도로 섞어줍니다.
2 1에 아보카도오일을 천천히 넣으며 섞어줍니다.
TIP 원당 또는 조청을 넣고 싶다면 오일을 넣기 전에 섞어주세요.

NOTE

- 콩물마요네즈는 캐슈너트가 없는 날, 많은 양의 마요네즈가 필요한 날 만들면 좋아요. 병아리콩은 캐슈너트에 비해 저렴하고 손쉽게 구할 수 있는 재료라 요긴하게 사용할 수 있답니다.
- 미국에서 아쿠아파바로 불리는 콩물은 콩 삶은 물을 냉장고에서 2~3일 정도 숙성해 걸쭉해진 물을 말합니다. 점성이 있어 휘저으면 달걀흰자처럼 머랭을 칠 수 있어 쿠키를 만들 수 있어요(P.245 콩물 머랭 쿠키 참고).

채수 큐브

난이도 ●●　　40분

채소의 섬유질까지 다 갈아서 만드는 한식에 최적화된 채수 큐브입니다. 자투리 채소들이 있을 때 만들어 냉동실에 보관해두고 사용하세요. 국물 요리가 훨씬 쉬워질 거예요.

재료(3×4㎝ 큐브 70개)

무 1/2개
양파 1개
양배추 심지 1개와 겉잎 3장
마늘 1줌
대파 1~2대
식용유 2큰술
소금 1/2~1큰술
물 약간

[표고다시마물]
말린 표고버섯 8개
다시마 2장(각 6×8㎝)
물 500㎖

준비하기

- 표고다시마물을 준비해주세요. 말린 표고버섯과 다시마는 살짝 씻어 볼에 담고 물을 부은 뒤 실온에서 5~6시간 혹은 냉장고에서 하룻밤 불려줍니다.

만들기

1 모든 채소들은 깨끗이 씻어 물기를 뺀 후 잘게 다집니다.

2 팬에 식용유를 두르고 손질한 채소, 소금을 넣고 볶아줍니다.
TIP 낮은 온도에서 수분을 날리며 충분히 볶아주세요.

3 볶다가 숨이 죽으면 뚜껑을 닫고 중약불에서 익힙니다.

4 3을 식힌 후 믹서에 표고다시마물을 함께 넣고 곱게 갈아줍니다.
TIP 표고다시마물은 재료가 갈아질 정도로만 넣어주세요.

5 베이킹 팬 또는 얼음 틀에 고르게 펴 담고 얼립니다.
TIP 베이킹 팬에 얼렸다면 적당한 크기로 자르고 다시 보관통에 담아 냉동 보관해요.

NOTE

- 한식 요리는 소금 외에 간장, 된장, 고추장 등의 장류들을 함께 많이 사용해요. 채수 큐브를 만들 때 기호에 따라 전체적인 간을 생각하며 소금 양을 가감해 넣어주세요. 소금을 넣어 볶으면 채소의 단맛을 끌어올리고 수분도 쉽게 나와 날리듯 볶아주기 쉬워진답니다.
- 채수의 기본 채소인 무, 표고버섯, 다시마, 양파 외에 양배추 심지와 마늘을 사용했어요. 그 외에도 사과 조각을 넣어 단맛을 주어도 좋고, 매운 고추를 넣어 칼칼한 맛을 더해주어도 좋습니다.
- 냉동 보관 시 약 3달간 사용할 수 있어요.

걸쭉이소스

난이도●　　5분

걸쭉이소스는 요리를 쉽게 해주는 킥 소스예요. 감칠맛을 돋우거나 단맛을 더하는 특별한 첨가물 없이 요리의 질감을 걸쭉하게 하고 약간의 마무리 간과 고소한 참기름 향을 더해준답니다.

재료(1컵)

간장 1/2컵(또는 리퀴드아미노스)
참기름 1/4컵
전분가루 1큰술

준비하기

- 감자전분가루, 옥수수전분가루 모두 좋아요. 자주 사용하는 전분가루로 준비해주세요.

만들기

1　분량의 재료를 넣고 골고루 섞어줍니다.
TIP 사용하기 전에 가라앉은 전분을 잘 섞어서 사용하세요.

NOTE

- 걸쭉이소스는 면과 채소를 넣어 만드는 볶음 요리에 활용하기 좋아요. 재료가 거의 익을 무렵 소스를 넣고 1~2분 정도 볶아주면 걸쭉하고 윤기 나는 질감을 만들 수 있답니다.
- 걸쭉이소스의 기본 재료는 간장이에요. 음식이 너무 짜게 만들어지지 않도록 유념해주세요.
- 냉장 보관 시 약 1달간 사용할 수 있어요.

토마토소스

난이도 ● **50분**

만들어서 바로 먹는 토마토소스는 맛있는 것은 물론 건강에도 참 좋아요. 토마토의 항산화 효능은 가열하거나 올리브오일과 함께 먹을 때 극대화된답니다.

재료(3~4인분)

토마토 2kg(토마토 4개)
양파 1/2개
마늘 2개
소금 1작은술
올리브오일 1큰술
원당 1/2~1작은술

준비하기

- 토마토는 깨끗이 씻어 열십자 칼집을 내고 볼에 담은 후 뜨거운 물을 부어주세요. 그대로 30초간 두었다가 껍질을 벗겨주세요.
  TIP 토마토의 껍질을 벗기면 부드러운 소스를 만들 수 있어요. 기호에 따라 또는 영양을 고려해 껍질째 만들어도 좋아요.

만들기

1 마늘은 다지고 양파는 잘게 다집니다.

2 팬에 올리브오일을 두르고 마늘과 양파가 투명해질 때까지 볶아줍니다.

3 껍질을 벗긴 토마토는 굵직하게 썰어 팬에 넣고 다시 25~30분간 뭉근하게 끓입니다.
  TIP 토마토는 반으로 갈라 하얀색의 단단한 부분은 제거해주세요.

4 소금과 원당으로 간한 후 원하는 농도가 될 때까지 저어가면서 끓입니다.

5 원하는 농도가 되면 핸드믹서나 믹서를 사용해 갈아줍니다.
  TIP 기호에 따라 곱게 갈거나 덩어리가 남도록 굵게 갈아도 좋아요.

NOTE

- 토마토소스는 조금 묽게 만들어도 좋고, 되직하게 만들어 진하게 먹어도 좋아요.
- 토마토소스는 활용도가 높아요. 한번 만들어두면 파스타는 물론이고 피자, 라따뚜이와 같이 토마토소스가 필요한 모든 곳에 두루두루 사용하기 좋답니다.

바로 먹는 단무지

난이도 ● **30분**

자연에서 온 노란빛을 물들여 만든 단무지. 하루, 일주일, 한 달을 기다려 먹는 단무지가 일반적이지만 이 레시피는 만들어서 바로 먹는 단무지입니다.

재료(4~5인분)

무 1/2개(650g)
레몬즙 1/2컵
치자 3조각
원당 1/2컵(또는 아가베시럽)
소금 1과 1/2큰술
뜨거운 물 4~4와 1/2컵

준비하기

- 4컵 분량의 용기(32oz)를 준비해주세요.

만들기

1 무는 깨끗이 씻어 가늘고 균일하게 채 칩니다.
TIP 부엌칼 외에도 채칼, 줄리엔느를 사용해도 좋아요.

2 레몬즙, 원당, 소금을 넣어 섞어주세요.

3 용기에 1과 2, 치자 3조각을 넣고 뜨거운 물을 자작하게 부어주세요. 채 친 무를 위아래 뒤집어주면서 20분간 숙성합니다.

NOTE

- 최소한의 단맛을 보장하는 레시피입니다. 단맛의 양을 늘리면 시판용 단무지와 같은 맛이 납니다.
- 레몬은 지방 연소에 도움을 주고 해독 작용과 면역력을 강화해 심혈관 건강을 향상시켜요. 레몬즙 사용이 익숙하지 않다면 식초와 레몬을 반반 섞어서 만들어도 좋아요.

콩고기

난이도 ●●　**20분**

콩으로 만든 영양 듬뿍 식물성 고기, 대체육 레시피입니다. 콩고기 레시피 하나면 언제든 필요한 때에 꺼내 만들어 활용할 수 있답니다.

재료(1kg)

삶은 병아리콩 1컵
감자 1개
양파 1/2개
비트 1/4개
마늘 3개
양송이버섯 2줌
호두 1/2컵
뉴트리셔널이스트 2큰술
글루텐가루 2와 1/2컵
간장 2큰술
원당 2큰술
후추 1/2작은술(선택사항)

[표고다시마물]
말린 표고버섯 8개
다시마 1장(6×8㎝)
물 500㎖

준비하기

- 표고다시마물을 준비해주세요. 말린 표고버섯과 다시마는 살짝 씻어 볼에 담고 물을 부은 뒤 실온에서 5~6시간 혹은 냉장고에서 하룻밤 불려줍니다.
- 삶은 병아리콩을 준비해주세요. 간편하게 통조림 병아리콩을 사용해도 좋아요. 통조림 사용 시 내용물은 체에 밭쳐 물로 헹군 후 사용하세요

병아리콩 삶기

1 병아리콩은 깨끗이 씻어 물에 담가 하룻밤 불립니다.
2 불린 병아리콩은 물에 헹구고 냄비에 담아 물을 넉넉히 넣고 중불에서 끓입니다.
3 끓어오르면 약불로 낮추고 거품을 걷어가며 1시간 반~2시간가량 끓입니다.

만들기

1 믹서에 글루텐가루를 제외한 모든 재료와 표고다시마물을 넣고 곱게 갈아줍니다.
TIP 표고다시마물은 재료가 갈아질 만큼만 넣어주세요.

2 곱게 간 재료에 글루텐가루를 넣어가며 반죽합니다.
TIP 글루텐가루는 치대듯이 반죽하지 않고 부드럽게 섞어주는 정도로 반죽합니다. 치대듯이 반죽하면 너무 쫄깃해져서 먹기 어려워요.

3 두 덩이 또는 네 덩이로 소분해 공기가 닿지 않도록 랩으로 싼 후 냉동실에 보관해두고 사용합니다.
TIP 약 1kg의 콩고기가 나옵니다.

NOTE

- 견과류는 호두 또는 해바라기씨를 사용해주세요. 호두를 사용하면 소고기 맛에 해바라기 씨앗을 사용하면 닭고기 맛에 가깝게 느껴진답니다.
- 콩의 영양 성분 중 으뜸은 단백질입니다. 우리 몸은 약 60조 개의 세포로 이루어져 있는데 이 세포들의 주성분이 단백질입니다. 그만큼 양질의 단백질 섭취는 정말 중요해요. 콩이 가진 단백질은 세포를 건강하게 하고 암의 발생을 근원적으로 차단하는 역할을 하는 것으로 알려져 있답니다.

콩고기볼

난이도 ●● **50분**

콩고기 야채볼은 콩과 다양한 채소들, 견과류를 글루텐가루와 섞어 만든 쫄깃한 식감이 일품인 식물성 고기 요리입니다.

재료(2kg)

삶은 병아리콩 1컵(또는 대두)
감자 1개
양파 1/4개
당근 1/2개
양송이버섯 2줌
호두 1/2컵
마늘 3개
파 2줄기
간장 2큰술(또는 리퀴드아미노스)
메이플시럽 2큰술(또는 조청)
뉴트리셔널이스트 2큰술
글루텐가루 2컵
고춧가루 1/2작은술
후추 1/2작은술(선택사항)
식용유 적당량
물 1컵

준비하기

- 삶은 병아리콩을 준비해주세요(P.48 병아리콩 삶기 참고). 간편하게 통조림 병아리콩을 사용해도 좋아요. 통조림 사용 시 내용물은 체에 밭쳐 물로 헹군 후 사용하세요.

만들기

1 감자, 양파, 양송이버섯은 굵게 썹니다.

2 믹서에 1과 삶은 병아리콩, 호두, 마늘, 간장, 메이플시럽, 뉴트리셔널이스트, 고춧가루, 후추, 물을 넣고 곱게 갈아줍니다.

3 당근은 굵게 다지고 파는 송송 썹니다.

4 큰 볼에 2와 3, 글루텐가루를 골고루 섞어 콩고기 반죽을 만듭니다.

5 베이킹 팬에 종이포일을 깔고 반죽을 한 입 크기로 떼어 담은 후 식용유를 골고루 뿌리고 190도로 예열한 오븐에서 30분간 구워줍니다.
TIP 오븐이 없다면 찜기를 사용하세요. 김이 오른 찜기에서 40분 이상 쪄주세요.

6 실온에서 완전히 식힌 후 소분해서 냉동실에 보관해두고 사용합니다.

NOTE

- 당근과 파를 굵게 다져야 반죽도 잘 섞이고 야채볼의 느낌도 더 살릴 수 있어요.
- 글루텐가루는 활성 글루텐가루를 구입해야 해요. 일반 강력분 밀가루나 글루텐이 강화된 밀가루를 사용하면 고기와 같은 쫄깃한 식감이 나지 않는답니다.
- 콩고기볼은 채소와 함께 볶아 먹거나 꼬치에 끼워 양념 꼬치로 즐겨도 좋아요. 치킨 양념을 더해 아이들이 좋아하는 강정으로 만들기도 좋답니다.

PART 2

제철 재료로 쉽게 만드는 한식

만들기 간단하면서도 영양까지 겸비한 맛있는 밑반찬을 생각하고 있다면 달콤 짭조름하게 무쳐내는 고소한 견과무침이 제격이죠.

난이도● 10분

견과무침

재료(4~5인분)

구운 아몬드 1/2컵
구운 호두 1/2컵
구운 땅콩 1컵
메이플시럽 2큰술
가루간장 1작은술
검정깨 1큰술

준비하기

- 구운 견과류를 준비해주세요(P.39 넛버터 1번 과정 참고).

만들기

1 넓은 볼에 구운 견과류를 담고 메이플시럽, 가루간장을 넣고 버무립니다.

2 검정깨를 솔솔 뿌려줍니다.

NOTE

- 견과류 외에도 해바라기씨, 호박씨 같은 씨앗류를 사용해도 좋아요.
- 레시피에서는 부드러운 식감을 위해 메이플시럽을 사용하고, 수분을 없애기 위해 가루간장을 사용했어요. 메이플시럽과 가루간장이 없다면 조청과 간장을 먼저 섞은 후 버무려주세요.
- 가루간장은 말린 대두와 메줏가루, 소금을 적절히 배합해 만든 식재료예요. 가루간장이 없다면 리퀴드아미노스를 사용하거나 색이 맑은 국간장을 사용하면 맛이 깔끔하고 색도 진하지 않아 좋아요.

아삭하고 담백한, 고소하고 쫄깃한 연근전. 지혈 작용과 소염 작용으로 사랑받는 식재료인 연근으로 연근전을 부쳐보세요. 천연 색소를 활용한 자색, 녹색, 황색의 고운 삼색전의 매력에 푹 빠지게 될 거예요.

난이도 ●● 40분

삼색 연근전

각 분량의 재료를 섞어 반죽을 만듭니다.

재료(4~5인분)

연근 3개(각 한 뼘 길이)
소금 1/2큰술
식용유 3큰술
물 700㎖

[자색고구마 반죽]
무표백 밀가루 1/4컵
자색고구마가루 1작은술
소금 3꼬집
물 5~7큰술

[녹차 반죽]
무표백 밀가루 1/4컵
녹차가루 1작은술
소금 3꼬집
물 5~7큰술

[강황 반죽]
무표백 밀가루 1/4컵
강황가루 1/2작은술
소금 3꼬집
물 5~7큰술

준비하기

- 연근은 흐르는 물에 겉에 묻은 흙을 씻어낸 후 필러로 껍질을 벗깁니다. 연근의 양쪽 끝부분을 썰어 속을 깨끗하게 씻은 후 물에 담가두세요.
  TIP 연근 껍질이 깨끗한 경우, 껍질을 벗기지 않고 겉껍질을 솔로 문질러 씻은 후 사용하세요.

만들기

1 냄비에 물을 담고 소금을 넣은 후 끓여줍니다.

2 손질한 연근은 3㎜ 두께로 썹니다.

3 소금을 넣고 끓인 물에 연근을 넣고 삶은 후 체반에 밭쳐 물기를 뺍니다.
TIP 아삭한 식감을 선호한다면 데치는 정도로만 삶아주세요.

4 각 분량의 재료를 섞어 3가지 반죽을 만듭니다.

5 식용유를 두른 팬을 중약불에 올리고 달궈지면 식용유를 닦아냅니다.
TIP 연근전은 최소한의 식용유로 구워야 깔끔하게 구울 수 있어요.

6 물기를 없앤 연근에 반죽을 입힌 후 팬에 올려 구워줍니다.
TIP 반죽을 입힌 연근을 젓가락으로 집어 올리면 모양을 예쁘게 부칠 수 있어요.

NOTE

- 연근의 가장자리 부분이 말갛게 삶아졌을 때 꺼내 찬물에 담갔다가 물기를 뺀 뒤 요리하면 아삭함이 남아 있는 담백한 전을 만들 수 있어요.
- 반죽의 농도는 연근에 입혔을 때 연근 사이사이의 구멍이 보이는 정도가 좋아요. 되직한 반죽으로 부치면 연근전이 예쁘게 부쳐지지 않는답니다. 농도 조절은 색을 내는 가루마다 기준이 조금씩 달라요. 물 6큰술을 기준으로 가감해가면서 반죽해주세요.
- 도톰한 연근전을 원한다면, 삶은 연근에 밀가루나 전분가루를 묻힌 후 반죽에 담가 구워주세요.
- 색을 내는 천연 색소가 없다면 비트 조각과 치자를 각각 우린 물로 반죽하세요. 고운 분홍빛과 노란빛 연근전을 만들 수 있어요.
- 연근과 같은 뿌리채소는 대부분 약알칼리성 식품이에요. 맵고 짠 자극적인 음식을 자주 먹는다면 연근을 곁들여보세요. 산성화된 몸을 중화하는 효과를 얻을 수 있답니다.

시원하고 아삭한 셀러리를 따뜻하게 볶아 나물을 만들어보세요. 셀러리의 질긴 느낌이 사라진 부드러운 셀러리 나물을 즐길 수 있답니다.

난이도● 20분

셀러리 들깨 나물

재료(3~4인분)

셀러리 6대
양파 1/4개
홍피망 1/4개
다진 마늘 1큰술
식용유 1큰술
들깻가루 2큰술
소금 1/4큰술
검정깨(선택사항)
물 1/4컵

만들기

1 셀러리는 껍질을 벗기고 한 뼘 길이로 길게 썰어줍니다.

2 양파는 도톰하게 채 썰고 홍피망은 한 입 크기로 채 썰어줍니다.

3 팬에 식용유를 두르고 중약불에 올립니다.
TIP 식용유 대신 물 1/4~1/2컵을 넣고 익혀도 됩니다.

4 셀러리, 양파, 다진 마늘을 함께 볶아 향을 입힌 후, 소금을 살짝 뿌려 섞고 뚜껑을 덮고 중약불에서 5~8분 정도 둡니다.
TIP 셀러리 자체에서 나오는 수분으로 익혀주는 과정입니다.

5 중간에 한두 번 뚜껑을 열고 뒤적여주세요. 셀러리와 양파가 투명해지면 다 익은 거예요.
TIP 셀러리는 수분이 많은 채소예요. 뚜껑을 열고 뒤적이며 수분을 날려주는 과정입니다.

6 홍피망을 넣은 후 들깻가루, 물을 넣고 골고루 볶아줍니다.
TIP 셀러리의 연둣빛 색감과 대비되는 검정깨를 솔솔 뿌려 내도 좋아요.

NOTE

- 셀러리를 요리할 때는 보통 껍질을 벗겨서 사용하지만, 껍질을 벗기지 않고 사용할 수도 있어요. 셀러리를 가로로 놓고 질긴 부분이 짧은 길이로 남도록 어슷하게 썰어서 사용하면 됩니다(QR코드 영상 참고).
- 셀러리는 익혀도 영양 성분을 그대로 가져갈 수 있는 식재료 중 하나로 알려져 있어요. 그동안 셀러리를 생으로, 즙으로만 먹었다면 오늘부터는 따뜻하게 볶아 나물로도 즐겨보세요.
- 셀러리는 시력 개선에 도움을 주고, 혈압을 조절하고, 혈중 콜레스테롤 수치를 낮추는 채소예요. 이 밖에도 소화를 돕고 부종을 제거하며, 염증을 줄이는 효과가 있는 고마운 식재료랍니다.

잘 익은 아보카도를 가장 신선하고 알뜰하게 먹을 수 있는 레시피에요. 아보카도와 채소, 짭조름한 간장의 삼합이 매력적인 맛! 토핑에 따라 손님 상차림에 내도 손색없는 메뉴랍니다.

난이도● 5분

아보카도장

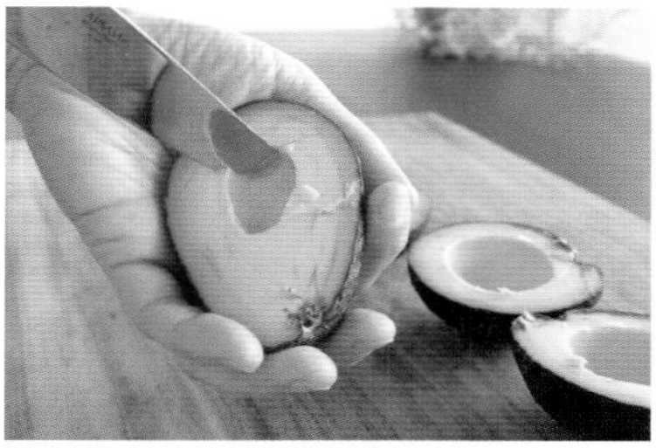
아보카도 속에 칼집을 냅니다.

껍질을 그릇 삼아 담은 아보카도에 간장을 뿌려줍니다.

재료(1인분)

잘 익은 아보카도 1개
양파 1/4개
방울토마토 적당량
매운 고추 1개
간장 1큰술
와사비 1/2작은술(선택사항)

준비하기

- 아보카도는 후숙 과일로 실온에 두고 익혀주세요. 겉이 진녹색이 되고 단단했던 표면이 살짝 무르게 느껴지면 잘 익은 거랍니다.

만들기

1 아보카도는 반으로 갈라 씨를 제거합니다.

2 아보카도 속에 칼집을 내고 스푼으로 뜬 후 아보카도 껍질을 그릇 삼아 그대로 다시 넣어줍니다.
TIP 껍질 바닥까지 칼집이 나도 괜찮아요. 간장이 머무를 자리만 있으면 됩니다.

3 양파와 매운 고추는 잘게 썰고 방울토마토는 편 썰어 토핑을 준비합니다.

4 아보카도 위에 간장과 토핑을 얹고 잠시 두었다가 드세요.

NOTE

- '숲속의 버터'라고 불리는 연녹색 아보카도는 부드러운 맛과 신선한 맛이 일품이죠. 간장에 푹 담근 후 숙성시키는 기존의 아보카도장에 비해 간단하고 간장 분량도 적게 들어가는 레시피입니다.
- 아보카도를 껍질에 둔 채 먹는 것이 불편하다면, 잠시 절일 때만 아보카도 껍질에 두었다가 적당한 그릇에 담아 드세요.
- 레시피를 응용해 색다른 맛의 아보카도장을 즐겨보세요. 간장에 레몬즙, 엑스트라버진 올리브오일을 각각 1큰술씩 넣고 후추를 톡톡 뿌려 마무리하면 샐러드 느낌의 상큼한 아보카도장을 맛볼 수 있답니다. 또 레몬즙 대신 라임즙과 고수를 더하면 이국적인 맛을 느끼실 수 있어요.

밀가루도 계란도 필요 없는 동그랑땡이에요. 보들보들한 두부가 고추장 장떡처럼 매콤하고 칼칼해 입맛 없을 때 먹기 딱 좋은 반찬입니다.

난이도 ●● 30분

두부 오트밀 동그랑땡

재료(3~4인분)

오트밀 3~4큰술
두부 1/2모
양파 1/4개
마늘 1개
매운 고추 1개
파 2대
고추장 1큰술
간장 1큰술
참기름 1큰술

준비하기

- 별도의 표기가 없다면 오트밀은 롤드오트밀을 준비해주세요.

만들기

1 두부는 면포를 사용해 물기를 꾹 짠 후 볼에 담아줍니다.
TIP 촉촉함이 살짝 남아 있는 상태가 좋아요.

2 양파, 매운 고추를 큼직하게 썰어 마늘과 함께 초퍼에서 다지고, 파는 송송 썰어줍니다.

3 초퍼나 믹서로 오트밀을 곱게 갈아줍니다.
TIP 오트밀가루가 있다면 이 과정은 생략해주세요.

4 물기를 짠 두부에 손질한 채소와 곱게 간 오트밀, 고추장, 간장, 참기름을 넣고 치대줍니다.

5 잠시 그대로 두었다가 반죽에 끈기가 생기면 소분해 동그랑땡 모양으로 빚어줍니다.
TIP 오트밀에 수분이 생겨 끈기가 생기게 하는 과정이에요.

6 식용유를 두른 팬에 동그랑땡 반죽을 올린 후 약불과 중약불을 오가며 앞뒤로 노릇노릇 구워줍니다.
TIP 롤드오트밀은 한 번 쪄서 나온 제품이기에 익히는 시간이 오래 필요하지 않아요. 한 면이 단단하게 구워지면 뒤집어 구워주세요.

NOTE

- 두부 오트밀 동그랑땡은 밀가루나 계란을 제한하시는 분들께 좋은 메뉴예요. 두부 1/2모에 12개 분량의 동그랑땡이 나온답니다.
- 반죽이 질게 되었다면 오트밀가루를 1~2큰술 더 넣어주세요.
- 아이들을 위한 동그랑땡을 굽는다면 고추장을 빼고 소금으로 간해주세요.
- 오트밀의 재료인 귀리는 식이섬유와 단백질이 풍부하고 구수한 맛을 가진 참 좋은 곡물이지만 글루텐 프리 곡물이어서 점성이 단단하지 않아요. 조금 더 단단한 식감을 원하시면 밀가루 2큰술을 넣고 반죽해 구워도 된답니다.

아스파라거스 마늘구이

난이도 ● 10분

아스파라거스 본연의 맛을 즐기기에 이만한 레시피가 없는 것 같아요. 마무리로 뿌리는 굵은소금이 아스파라거스의 단맛을 더욱 극대화한답니다.

손으로 아스파라거스의 중간 부분과 밑동을 잡고 구부려 부러트립니다.

재료(2~3인분)

아스파라거스 200g
마늘 10개
올리브오일 1큰술
굵은소금 1꼬집
소금 1꼬집
후추 1꼬집

만들기

1 깨끗이 씻은 아스파라거스는 밑동을 꺾어 자르고 필러로 두꺼운 껍질 부분을 듬성듬성 깎아줍니다.

2 마늘은 편으로 썰어줍니다.

3 팬에 올리브오일을 두르고 중불에서 아스파라거스와 마늘을 구워줍니다.
TIP 아스파라거스와 마늘이 최대한 겹치지 않게 담아주세요.

4 소금으로 간한 뒤 중간중간 뒤집어가며 3분간 구워줍니다.

5 아스파라거스가 아삭하게 익으면 접시에 보기 좋게 담고 후추와 굵은소금을 살짝 뿌려 마무리합니다.

NOTE

- 한 손으로 아스파라거스 줄기의 중간 부분을 잡고 다른 한 손은 밑동을 잡고 구부려 부러트리면 먹지 못하는 질긴 부분과 연한 부분이 저절로 구분된답니다.
- 아스파라거스는 저칼로리 고섬유질 채소로 풍부한 비타민과 미네랄 항산화제의 공급원이면서 맛까지 좋은 채소예요. '신의 음식'으로 불릴 만큼 영양소가 꽉 찬 채소로 복잡한 조리법이나 진한 양념이 필요 없지요.
- 은은한 단맛이 도는 수분 가득한 채소 아스파라거스는 맛과 영양도 으뜸이지만 맛과 향이 세지 않아 다른 재료들과 함께 사용하기에 참 좋은 유연한 재료랍니다. 프랑스, 독일 등지 유럽에서는 햇빛을 가려 키운 섬세한 맛을 가진 하얀 아스파라거스를 즐기는 반면 한국에서는 그린 아스파라거스를 주로 즐긴답니다.

주로 샐러드에 곁들이는 예쁜 채소로 사용되는 래디시. 오늘은 오래 두고 먹어도 좋은 김치로 만들어보세요. 무더운 여름 입맛 돋우기에도 좋고, 별미 김치로 가까운 이웃들과 나누기도 좋답니다. 아삭아삭 색다른 무김치의 매력에 푹 빠지실 거예요.

난이도 ●● 2시간

래디시 총각김치

재료(3~4인분)

래디시 1kg
쪽파 4~5대
고춧가루 3큰술
굵은소금 1/3컵
소금 적당량

[김치 양념]
밥 4큰술
배 1/2개
양파 1/4개
생강 1개
마늘 6~7개
가루간장 1큰술
물 1/2컵

준비하기

- 흐르는 물에 래디시를 깨끗하게 씻어주세요. 무와 줄기가 연결되는 부분에 혹시 모를 흙이 남아 있을 수 있으니 꼼꼼히 손질해주세요.
- 래디시 크기가 일정해야 고르게 절이기 좋아요. 알이 굵은 래디시는 2등분 또는 4등분해 준비해주세요.

NOTE

- 가루간장은 말린 대두와 메줏가루, 소금을 적절히 배합해 만든 식재료예요. 가루간장의 고유한 향과 맛이 김치와 잘 어울린답니다. 가루간장이 없다면 리퀴드아미노스를 사용하거나 색이 맑은 국간장을 사용하면 맛이 깔끔하고 색도 진하지 않아 좋아요.
- 래디시 총각김치는 담근 후 샐러드처럼 바로 먹어도 좋고, 하루 동안 실온에 두었다가 새콤한 향이 올라오면 냉장고에 넣어두고 먹어요. 시간이 지나면 래디시 색이 조금씩 바래지니 한 번에 너무 많은 양을 만들기보다는 조금씩 만들어 드시는 것을 추천합니다.

1

2

6

만들기

1 래디시의 뿌리 부분에만 굵은소금을 뿌려줍니다. 간간이 위아래를 뒤집어주면서 40분~1시간가량 절입니다.

2 믹서에 밥과 물을 넣어 곱게 간 후 배, 양파, 생강, 마늘, 가루간장을 넣고 갈아줍니다.

TIP 배가 없다면 원당 1큰술을 넣으세요.

3 래디시를 절이는 동안 기호에 맞게 2에 소금으로 간하고 고춧가루를 섞어 김치 양념을 만듭니다.

4 절인 래디시는 찬물에 씻고 체에 밭쳐 물기를 뺍니다.

5 쪽파는 2~3cm 길이로 썰어줍니다.

6 물기를 뺀 래디시와 손질한 쪽파, 김치 양념을 버무린 후 용기에 담습니다.

시원한 국물이 일품인 배추 물김치를
담가보세요. 절임 배추에 채소들과
밥을 갈아 만든 밥풀만 부어놓으면
시원하고 깔끔한 배추 물김치가 된답
니다.

난이도 ● 2시간

배추 물김치

재료(3~4인분)

배추 1포기
배 1/2개
사과 1/2개
무 1/3개
양파 1/2개
생강 1개(2cm)
마늘 7개
청 · 홍고추 1/2~1개씩
파 2~3대
소금 1컵, 1~2큰술
물 1ℓ, 여분

[김치 양념]
밥 2큰술(넉넉하게)
소금 2큰술
케인슈거 2큰술(또는 몽크푸르트)
물 1컵

준비하기

- 절인 배추를 준비해주세요. 배추는 4등분하고 배추 1포기당 물 1ℓ, 소금 1컵 비율로 배추를 12시간 동안 절입니다. 시판용 절임 배추를 사용해도 좋아요.
- 4ℓ짜리 김치통을 준비해주세요.

만들기

1 절인 배추는 찬물에 씻고 체반에 밭쳐 물기를 뺍니다.

2 무는 나박 썰어 소금을 뿌려 절이고 한쪽에 둡니다.

3 양파는 도톰하게 채 썰고, 사과, 배는 한 입 크기로 자르고 마늘, 생강은 편 썰고 파는 어슷썹니다.

4 절인 무는 찬물에 씻고 체에 밭쳐 물기를 뺍니다.

TIP 마늘과 생강은 작은 면 주머니에 담아 입구를 묶어 통에 담아도 좋아요. 시간이 지날수록 마늘과 생강 향이 은은하게 도는 깔끔한 물김치를 만들 수 있어요.

5 김치통에 3을 넣고 1과 4를 넣습니다.

6 믹서에 분량의 재료를 넣고 갈아 김치 양념을 만든 후 5에 붓고 여분의 물을 부은 후 간을 맞춥니다.

TIP 밥 대신 밀가루나 찹쌀가루를 이용해 풀을 만들어도 좋아요.

7 실온에서 하룻밤 두었다가 한 차례 더 간을 맞춥니다.

TIP 물김치가 완성되면 칼칼하고 개운한 맛을 위해 청 · 홍고추를 어슷하게 잘라 올려도 좋아요.

NOTE

- 많은 양의 물김치를 담을 때는 배추를 2등분 또는 4등분으로 가른 뒤 소금물에 담가 12~14시간 동안 절여주세요.
- 몽크푸르트는 나한과 열매로 설탕 대체 재료인 천연 감미료예요. 특히 물김치에 사용하면 국물이 진득해지지 않아 깔끔한 맛을 낼 수 있어요.

유초이 김치

난이도 ●● 150분

잎과 줄기, 꽃도 먹는 채소 유초이. 한국에선 유채라고 하죠. 나물로 먹어도 좋고 국이나 볶음으로도 어울리는 만능 채소예요. 유초이로 김치를 담가보세요. 밥상이 봄날처럼 산뜻해진답니다.

재료(2~3인분)

유초이 1.4kg
무 1/2개
고춧가루 1/2컵
소금 2/3컵, 여분

[김치 양념]
현미밥 1/4컵
양파 1개
홍피망 2개
생강 1개(2cm)
마늘 15개

준비하기

- 현미밥을 준비해주세요. 현미는 깨끗이 씻어 하룻밤 물에 불려두었다가 압력밥솥으로 밥을 지으면 더 부드럽고 찰진 밥이 된답니다.

만들기

1 유초이는 깨끗이 씻고 두꺼운 줄기는 길게 반으로 가릅니다.
2 줄기 부분에만 소금을 뿌리고 절입니다.
3 중간에 한 번 뒤집어준 후 1~2시간 동안 절입니다.
4 절인 유초이는 찬물에 씻고 체반에 밭쳐 물기를 뺍니다.
5 무는 먹기 좋은 크기로 채 썰고, 소금 1~2꼬집을 뿌리고 절입니다.
6 믹서에 분량의 재료를 넣고 곱게 갈아 김치 양념을 만듭니다.
TIP 현미는 백미와 달리 껍질과 눈이 있어서 최대한 곱게 갈아야 깔끔한 맛의 김치를 담글 수 있어요.
7 절인 무에 김치 양념, 고춧가루를 넣고 소금으로 간합니다.
8 4를 넣고 골고루 버무립니다.
9 밀폐 용기에 담아 실온에서 하룻밤 두었다가 냉장 보관합니다.

NOTE

- 김치 양념에 간을 할 때는 절인 유초이와 절인 무의 간을 생각하면서 소금을 넣어주세요. 소금 대신 가루간장으로 간을 해도 좋아요.
- 김치의 붉은색은 고춧가루와 홍피망을 더해 만들었어요. 피망은 은은한 고추 향과 시원하고 단맛이 나는 채소죠. 피망의 색에 따라 김치의 붉기가 달라질 수 있어요. 이 점을 유의해 고춧가루를 가감하며 넣어주세요.

양배추가 위를 튼튼하게 한다면 배추는 대장을 튼튼하게 하는 고마운 채소죠. 아삭한 식감에 입안 가득 촉촉한 배추즙이 정말 시원하고, 배추의 달큰함과 조청의 은은한 단맛이 순하게 어울리는 전이랍니다.

난이도● 30분

배추말이전

재료(4~5인분)

배춧잎 12장
들기름 1큰술
아보카도오일 1큰술

[양념장]
매운 고추 1개
다진 마늘 2/3큰술
조청 2큰술
참기름 1큰술
간장 3큰술
볶은 통깨 1큰술

만들기

1 깨끗이 씻은 배춧잎을 김이 오른 찜기에서 5분간 찝니다.

2 매운 고추는 다지고 분량의 재료와 함께 섞어 양념장을 만듭니다.

3 한 김 식힌 배추를 줄기 부분부터 또르르 말아줍니다.

4 팬에 들기름과 아보카도오일을 바른 후 배추말이를 올리고 중약불에서 구워 줍니다.
TIP 들기름의 발연점이 낮기 때문에 아보카도오일과 반반씩 섞어 발연점을 높였어요.

5 구워진 배추말이전에 양념장을 뿌려줍니다.

NOTE

- 배추는 장을 튼튼하게 하는 채소임과 동시에 100g에 12kcal라는 낮은 칼로리로 다이어트하는 분들에게도 참 좋은 메뉴랍니다.

- 찜기가 없다면 전자레인지를 사용하세요. 깨끗이 씻은 배춧잎의 물기를 털어내지 말고 지그재그로 잎과 줄기 부분을 번갈아 담고 랩을 씌운 뒤 전자레인지에서 5~6분간 조리합니다. 배추의 줄기 부분이 부드럽게 말아지도록 푹 쪄주세요.

- 기름 제한 식단을 실천 중인 분은 기름에 굽지 않은 찐 배추 그대로 드셔도 좋아요.

밀가루와 달걀 없이 쫀득하고 부드러운 양배추전을 만들어보세요. 아삭하고 달큼한 양배추의 매력에 푹 빠지실 거예요.

난이도 ● 20분

양배추전

재료(2~3인분)

양배추 1/3개
적양배추 1/3개
매운 고추 2개(선택사항)
감자전분가루 4큰술
식용유 1큰술
소금 1/4작은술

만들기

1 필러로 양배추, 적양배추를 채 친 후 씻고 물기를 뺍니다.

2 볼에 양배추를 담고 소금, 감자전분가루를 넣고 골고루 섞은 후 수분이 생겨 반죽이 촉촉해지도록 잠시 기다려줍니다.

3 22㎝ 크기의 팬에 식용유를 두르고 한 번에 모든 재료를 도톰하게 올립니다.

4 중약불에서 앞뒷면을 각각 2분 30초 정도 구워줍니다.

NOTE

- 푸른 양배추와 적양배추를 2:2 또는 3:1의 비율로 섞어서 사용해보세요. 색감도 고와지고 푸른 양배추보다 풍부한 적양배추의 비타민C, 비타민U, 미네랄, 식이섬유의 영양 성분도 챙길 수 있어 일석이조랍니다.
- 아보카도오일은 모든 식물성 오일 중 가장 높은 발연점을 가진 오일로 식용유로 사용하기 좋아요. 버터처럼 부드러운 풍미를 가지고 있어 모든 요리에 잘 어울린답니다.
- 십자화과 채소인 양배추는 브로콜리, 케일 등의 다른 십자화과 채소와 함께 항암 성분이 뛰어난 채소예요. 양배추에 열을 가하면 영양 성분이 손실되기에 생으로 먹는 것이 가장 좋지만, 열을 가할 경우 양배추의 단단한 세포벽이 허물어져서 우리 몸에 흡수가 잘 된다는 이점이 있답니다.

오트밀 파전

난이도 ●● 30분

건강에 참 좋은 오트밀로 전을 부치면 포슬포슬 부드러워져서 달걀이 필요 없어요. 오트밀의 구수한 향과 파의 단맛, 버섯의 쫄깃함이 잘 어우러진 촉촉한 파전을 맛보세요.

재료(2~3인분)

애호박 1/5개
양파 1/5개
느타리버섯 1줌
청고추 1개
홍고추 1개
파 5대
식용유

[오트밀 반죽]
오트밀가루 1/2컵
소금 1/2작은술
물 1/2컵

준비하기

- 오트밀가루를 준비해주세요. 오트밀가루가 없다면 믹서에 오트밀 2컵을 넣고 곱게 갈아주세요.

만들기

1 볼에 분량의 재료를 넣어 반죽을 잘 개어준 후 잠시 둡니다.
TIP 오트밀이 수분을 흡수해 풀어지는 과정이에요.

2 파는 길게 갈라 먹기 좋게 썰고 양파, 애호박, 청 · 홍고추는 채 썰고 느타리버섯은 손으로 잘게 찢어줍니다.

3 중약불에 팬을 올리고 식용유를 두른 후, 오트밀 반죽을 올리고 불은 약불로 줄입니다.
TIP 오트밀 파전에서는 불 조절이 중요해요. 약불에서 모든 재료를 올린 후 약불과 중약불로 조절하면서 구워주세요.

4 오트밀 반죽 위에 파를 올리고 애호박, 양파, 잘게 찢은 버섯과 청 · 홍고추를 수북하게 올려줍니다.
TIP 재료가 조금 많다 싶을 정도로 충분히 올려주어야 간이 맞아요.

5 한 면이 충분히 익었다면 뒤집개를 깊게 넣어서 한 번에 뒤집고 앞뒤로 노릇하게 구워줍니다.
TIP 오트밀은 점성이 높지 않기 때문에 한 면이 충분히 익은 후에 뒤집어야 찢어지지 않아요.

NOTE

- 오트밀 반죽은 오트밀가루와 물을 1:1로 섞어 사용해요. 오트밀가루와 물을 섞어두면 점점 되직해지는 것을 보실 거예요. 파전을 부치려면 반죽이 흐를 듯 말 듯한 농도를 만들어야 해요. 재료를 준비하는 동안 반죽이 너무 되직해지면 팬에 반죽을 두르기 전에 물을 한두 큰술 넣어서 조절해주세요.
- 오트밀 즉 귀리는 현미보다 낮은 칼로리와 탄수화물을 함유하고 있을 뿐만 아니라 비타민과 미네랄, 단백질이 풍부한 건강식품이에요. 귀리에 들어 있는 베타글루칸이 우리 몸속에 있는 노폐물을 분해하며 열을 내리고 독소를 배출하는 데 도움을 준다고 해요. 귀리는 미국 시사주간지 〈타임〉이 세계 10대 슈퍼푸드로 선정할 만큼 정말 좋은 식재료 중 하나랍니다.

케일은 지구상에서 가장 건강한 채소 중 하나로 꼽혀요. 케일을 섭취하는 방법으로 쌈채소와 즙만 생각했다면 더 맛있고 접하기 쉬운 전 요리를 만들어보세요.

난이도 ●● 30분

케일전

적당한 크기로 썬 케일을 소금에 버무립니다.

재료(2~3인분)

케일 1단
양파 1/2개
노란 파프리카 1/2개
양송이버섯 5개
매운 고추 1~2개
통밀가루 1컵
감자전분가루 1/2컵
식용유 적당량
소금 1/2작은술, 여분
물 1과 1/2컵

만들기

1 케일은 깨끗이 씻어 적당한 크기로 썰고 소금을 넣고 버무립니다.
TIP 케일 잎은 잘게 썰고 줄기는 잘게 다져주세요.

2 나머지 채소는 모두 굵게 다집니다.

3 넓은 볼에 손질한 케일과 채소, 통밀가루, 감자전분가루, 소금을 넣고 물을 넣어가며 잘 개어줍니다.
TIP 통밀가루와 전분가루의 비율은 2:1입니다.

4 팬에 식용유를 두르고 반죽을 올려 앞뒤로 노릇하게 구워줍니다.

NOTE

- 밀가루의 양이 너무 적다고 생각하실 수 있어요. 하지만 전을 부칠 때 밀가루의 양을 최소화하면 식재료 본연의 맛을 더 잘 느낄 수 있답니다.
- 케일은 골다공증에 좋은 채소로 꼽혀요. 케일의 칼슘 함량은 달걀의 5~6배라고 해요. 체내 흡수율이 다소 낮은 칼슘이지만 케일에는 칼슘의 체내 흡수를 돕는 비타민K까지 풍부히 들어 있어 우리 몸에 좋은 채소랍니다.

한 가지 재료로 5분이면 완성되는 초간단 채소찜이에요. 물을 끓여 삶을 필요도 없어요. 언제 먹어도 참 맛있어서 제가 가장 자주 만들어 먹는 채소 요리랍니다.

난이도 ● 10분

청경채찜

재료(2~3인분)

청경채 10개
다진 마늘 1작은술
식용유 1작은술
소금 2꼬집
후추 약간
물 2~4큰술

준비하기

- 청경채는 반으로 갈라서 씻어주세요. 겉으로는 깨끗해 보이지만 반으로 갈라보면 지저분한 것들이 있을 때가 있거든요. 아예 밑동을 잘라 잎을 낱장으로 만든 후 씻어주셔도 좋아요.

만들기

1 식용유를 두른 팬에 다진 마늘을 넣고 30초간 중불에서 볶아줍니다.

2 손질한 청경채, 소금을 넣고 2분간 뒤적이며 마늘 향을 골고루 입힙니다.

3 물을 넣고 뚜껑을 닫은 후 2분간 뜸을 들입니다.
TIP 1분쯤 지났을 때 뚜껑을 열어 뒤집어주고, 수분이 없다면 물을 조금씩 보충해주세요.

4 그릇에 담고 후추를 톡톡 뿌려 마무리합니다.

NOTE

- 채소 양에 따라 마늘과 아보카도오일의 양도 달라질 수 있어요. 기호에 맞게 편안하게 사용해주세요.
- 부드러운 채소찜은 누구든 편안하게 먹을 수 있는 요리예요. 청경채 외에도 유채이, 브로콜리, 숙주를 사용해도 좋아요.

색색의 채소들이 달콤하고 짭조름한 녹두당면과 보기 좋게 어우러진 세상에서 제일 간단한 잡채예요. 면을 따로 삶을 필요도, 채소들을 따로따로 볶을 필요도 없어요.

난이도 ●● 30분

녹두당면 원팬 잡채

재료(2~3인분)

녹두당면 100g
양파 1/4개
홍피망 1/4개
노란 파프리카 1/4개
다진 마늘 1큰술
시금치 1줌
목이버섯 1줌
참기름 1큰술
식용유 1큰술
간장 3큰술
케인슈거 1/2큰술
후추 약간
통깨 약간
물 3큰술

준비하기

- 목이버섯은 하룻밤 찬물에 담가 냉장고에 넣어 불려두거나 요리 30분 전 미지근한 물에 담가 불려주세요.

만들기

1 녹두당면은 채소를 손질하는 동안 찬물에 담가두세요.

TIP 물에 담가 냉장고에 보관해도 좋아요. 풀어질 정도로만 담가둡니다.

2 양파, 홍피망, 노란 파프리카는 채 썰고 목이버섯은 밑동을 잘라낸 뒤 먹기 좋게 찢어줍니다.

3 식용유를 두른 팬에 다진 마늘, 목이버섯을 먼저 볶은 후 양파, 홍피망, 노란 파프리카를 넣고 볶아줍니다.

TIP 채소가 숨이 죽지 않을 정도로만 살짝 볶아주세요.

4 녹두당면을 건져 볼에 담고 케인슈거, 참기름, 간장, 물을 넣고 버무립니다.

5 채소들이 윤이 나기 시작하면 팬 가운데에 자리를 만들어 녹두당면을 올리고 물을 넣어가며 볶아줍니다.

TIP 볶을 때 면이 뭉치는 것처럼 보이면 물을 조금 더 넣어주세요. 반대로 물이 많이 들어갔다면 양념을 더 넣어주세요.

6 시금치를 넣어 섞고, 불을 끈 후 후추 톡톡, 통깨 솔솔 뿌려 마무리합니다.

NOTE

- 녹두당면은 따로 삶을 필요가 없고 익는 시간도 짧아 편리해요. 또 잘 불지 않아 미리 만들어두어도 언제든지 맛있게 먹을 수 있답니다. 잡채뿐만 아니라 볶음면 요리로도 즐겨보세요.

단백질 가득한 콩과 다양한 채소,
견과류, 글루텐가루로 만들어 쫄깃
쫄깃한 식감이 일품인 콩고기볼을
활용한 요리예요.

난이도 ● 20분

콩고기볼 야채볶음

재료(2~3인분)

콩고기볼 2컵
양파 1/4개
홍피망 1/2개
브로콜리 1줌
마늘 2개
걸쭉이소스 3~4큰술
식용유 1큰술
통깨 약간

준비하기

- 콩고기볼을 준비해주세요(P.49 콩고기볼 참고).
- 걸쭉이소스를 준비해주세요(P.45 걸쭉이소스 참고).

만들기

1 양파, 홍피망은 한 입 크기로 깍둑썰고, 마늘은 편으로 썰어줍니다.

2 팬에 식용유를 두르고 마늘, 양파를 볶다가 콩고기볼과 브로콜리를 넣고 볶아줍니다.

3 걸쭉이소스를 섞어줍니다.

4 통깨를 톡톡 뿌려 마무리합니다.

NOTE

- 집에 있는 채소 어떤 것도 좋아요. 냉장고 속 자투리 채소를 한 입 크기로 자르고 콩고기볼과 함께 볶다가 걸쭉이소스를 섞어 마무리하세요.
- 일주일에 하루 정도는 쫄깃쫄깃한 콩고기볼로 환경을 생각하는 마음이 담긴 소소한 한 끼를 만들어보는 건 어떨까요?

메밀전 위에 불고기 양념으로 볶은 새송이버섯과 새콤달콤 무절임, 새싹 샐러드를 또르르 말아 연겨자소스에 콕 찍어 먹는 맛있는 메밀쌈! 오순도순 저녁 밥상에도 손님상에도 좋은 요리입니다.

난이도 ●● 40분

또르르 메밀쌈

포크를 사용해 새송이버섯을 결대로 찢어줍니다.

재료(2~3인분)

무절임

[새송이버섯 볶음]
새송이버섯 3개
다진 마늘 1큰술
조청 1과 1/2큰술
참기름 1큰술
식용유 1큰술
간장 2~3큰술
후추 약간

[메밀전 반죽]
메밀가루 1컵
감자전분가루 1/3컵
소금 1/4작은술
물 1과 1/3컵

[새싹 샐러드]
새싹채소 3~4줌
적양파 1/4개
해바라기씨 1/4컵

· 드레싱
다진 마늘 2작은술
메이플시럽 1큰술
레몬즙 2큰술
참기름 2작은술
간장 2큰술

[연겨자소스]
땅콩버터 1/2큰술
연겨자 2/3큰술
메이플시럽 1~2큰술
레몬즙 1큰술
간장 1큰술

준비하기

- 무절임을 준비해주세요(P.131 들깨향 가득 비빔국수 참고).

만들기

1 분량의 재료를 넣고 섞어 연겨자소스를 만들어줍니다.

2 새송이버섯은 포크를 사용해 결대로 찢어 식용유를 두른 팬에 넣고 소금을 살짝 뿌려 볶다가 분량의 양념을 넣고 볶아주세요.
TIP 양념을 일찍 넣으면 타기 쉬워요.

3 분량의 재료를 넣어 메밀전 반죽을 만듭니다.
TIP 물과 가루의 비율은 1:1입니다. 반죽 농도가 주르륵 흘러내릴 정도로 만들어야 얇게 잘 부쳐진답니다.

4 마른 팬에 메밀전 반죽을 올린 후 약불에서 살짝 구워줍니다.
TIP 반죽을 올린 후 구멍이 생기면서 바닥면이 구워지면 뒤집어서 구워주세요.

5 분량의 재료로 드레싱을 만듭니다.

6 양파는 채 썬 후 새싹채소와 볼에 담아 드레싱을 붓고 버무립니다.

7 메밀전 위에 새송이버섯 볶음, 무절임, 새싹 샐러드를 조금씩 올린 후 말아줍니다. 연겨자소스를 콕 찍어 드세요.

NOTE

- 레시피에서는 메밀가루와 전분가루를 1:1/3로 섞어 반죽했어요. 전분가루 없이 100% 메밀가루만 사용할 때는 요리하기 3~4시간 전에 미리 반죽해두고 사용해야 잘 부쳐진답니다.
- 메밀전은 담백하게 기름 없이 부쳐요. 또르르 말기 좋게 반죽은 길게 펴 구워주세요. QR코드 영상을 참고해 스푼을 사용하면 쉬워요.
- 메밀의 찬 성분을 겨자와 무가 완화시킨답니다. 담백한 메밀쌈은 미리 만들어 차갑게 두고 숙성된 겨자소스와 곁들여 내세요.

세 가지 재료로 간편하게 만드는 바삭바삭 맛있는 만두 요리예요. 참기름과 다른 통깨만의 고소함을 느껴보세요.

난이도 ●● 40분

참깨구이 만두

재료(4~5인분)

녹두당면 130g
왕만두피 45장
식용유 2큰술
검정깨 1큰술
통깨 1큰술

[당면 양념]
다진 마늘 1큰술
간장 4~5큰술(또는 리퀴드아미노스)
참기름 1/2큰술
케인슈거 1큰술
후추 약간

[만두소]
부추 1줌
두부 1모
다진 마늘 1큰술
참기름 1/2큰술
소금 1/3큰술
후추 약간

[레몬간장]
레몬즙 2큰술
간장 2큰술
고춧가루 약간
통깨 약간
물 2큰술

만들기

1 녹두당면은 뜨거운 물을 부어 10분간 불려두었다가 물기를 뺀 후 잘게 자릅니다.

2 식용유를 두른 팬에 1과 분량의 당면 양념 재료를 넣고 골고루 볶아줍니다.

3 부추는 잘게 썰고 두부는 면포에 싸 물기를 짜고 곱게 으깨줍니다.

4 넓은 볼에 2와 3, 나머지 분량의 재료를 넣고 섞어 만두소를 만듭니다.

5 접시에 통깨와 검정깨를 평평히 섞어둡니다.

6 왕만두피에 만두소를 넣고 빚은 후 만두 바닥면에 물을 묻히고 깨를 묻힙니다.
TIP 빚은 만두는 밀가루에 올려두지 않고, 깨 위에 올려둡니다.

7 식용유를 두른 팬에 깨 묻힌 부분을 2~3분간 먼저 굽고 뒤집은 뒤 물 1/3컵을 붓고 뚜껑을 닫고 익혀줍니다.
TIP 만두의 바닥은 바삭바삭하게 옆면은 쫄깃쫄깃하게 구워진답니다.

8 레몬즙과 간장, 물을 1:1:1의 비율로 섞고 분량의 재료를 섞어 레몬간장을 만듭니다. 만두와 함께 곁들여주세요.

NOTE

- 녹두당면이 없을 때는 일반 고구마당면을 사용하세요.
- 냉동 만두피는 전날 냉장실에서 자연해동하거나 당일에 실온에서 3시간가량 해동한 후 사용하세요. 바쁜 날에는 전자레인지로 해동하고(300g 기준 1분 조리) 5분 정도 식힌 뒤 사용하세요.
- 레몬간장을 만들 때, 레몬의 맛이 낯선 분들은 레몬즙과 식초를 반반 섞거나 아예 식초로 대신하셔도 좋아요.
- 레시피의 분량은 왕만두피 기준으로 45개가 나오는 양이에요. 바로 구울 만두 외에 남은 만두는 냉동 보관하세요.

강황 야채볶음밥

난이도 ● 20분

강황은 식용과 약용을 겸하는 특별한 식재료예요. 항산화 성분 가득한 색깔 채소들과 고슬고슬 황금빛 볶음밥을 즐겨보세요.

재료(2~3인분)

강황밥 2공기
적양파 1개(작은 크기)
브로콜리 90g
홍피망 1/2개
마늘 5개
매운 고추 1개
식용유 2큰술
소금 약간
후추 약간

[강황밥]
쌀 2컵
강황가루 1/2작은술
밥물

준비하기

- 강황밥을 준비해주세요. 전기밥솥에 깨끗이 씻은 쌀, 강황가루, 물을 넣어 강황밥을 짓고, 그릇에 담아 식혀줍니다.

만들기

1 적양파, 브로콜리, 홍피망, 매운 고추는 굵게 다지고 마늘은 편으로 썰어줍니다.
TIP 초퍼를 사용하면 간단히 손질할 수 있어요.

2 팬에 식용유를 두르고 중강불에서 마늘, 양파를 볶다가 브로콜리와 홍피망을 넣고 볶아줍니다.

3 강황밥을 넣고 소금으로 간한 후 매운 고추를 넣고 골고루 볶아줍니다.

4 불을 끄고 후추를 충분히 뿌리고 마무리합니다.

NOTE

- 강황밥은 평소 강황을 즐기지 않으셨던 분도 부드럽고 순하게 강황을 즐길 수 있는 방법이에요.
- 황금 푸드로 불리는 이유인 강황의 노란색은 커큐민이란 영양 성분 때문이에요. 커큐민은 심장마비와 당뇨를 예방하죠. 커큐민의 단점은 흡수율이 낮다는 점인데요, 연구에 따르면 커큐민의 흡수율을 높이는 방법은 뜨겁게 열을 가할 때, 올리브오일 또는 견과류 등의 좋은 지방과 함께 먹을 때, 적정량의 후추와 함께 먹을 때라고 합니다.
- 강황은 커큐민 외에도 속 쓰림과 배탈 치료, 소화를 돕는 강력한 소염 효능이 있고 향을 맡으면 뇌신경세포의 치유를 촉진한다고 알려져 있답니다.

두부가 있다면 매콤하게 포슬포슬 볶아서 아삭한 양상추에 얹어 내어보세요. 양상추 위에 밥과 두부 스크램블을 하나하나 올린 정성이 담긴 쌈밥. 평범한 재료로 근사한 한 끼가 만들어집니다.

난이도● 30분

두부 스크램블 쌈밥

재료(2~3인분)

밥 1공기
단단한 두부 1/2모
양상추 6장(또는 로메인)
양파 1/2개
다진 마늘 2큰술
매운 고추 1개
파 2~3대
후추 약간
통깨 약간

[양념]
고추장 1큰술
참기름 1큰술
원당 1/2큰술
간장 1과 1/2큰술

준비하기

- 단단한 두부를 준비해주세요. 부드러운 두부를 사용해야 한다면 두부를 눌러 두어 물기를 뺀 후 사용합니다. 두부에 수분이 많으면 포슬포슬하게 볶아지는 데 오래 걸리고 양념이 더 필요해질 수 있어요.

만들기

1 분량의 재료를 섞어 양념을 만듭니다.

2 양파, 매운 고추, 파는 잘게 썰어줍니다.
TIP 두부와 함께 볶는 채소가 입에서 겉돌지 않도록 다지듯 작게 썰어주세요.

3 두부는 으깹니다.

4 팬에 식용유를 두르고 으깬 두부와 다진 마늘, 양파를 넣어 7~8분가량 충분히 볶아줍니다.
TIP 두부가 탁탁 튀어 오르기 시작하면 잘 볶아지고 있다는 신호입니다. 두부의 식감이 중요한 레시피예요.

5 두부가 단단해질 정도로 볶아지면 양념을 넣고 1~2분간 더 볶은 후 매운 고추, 파를 넣고 살짝 볶아줍니다.

6 후추를 톡톡 뿌리고 버무립니다.

7 양상추 위에 밥을 얹고 볶은 두부를 얹은 후 파, 통깨를 뿌려 마무리합니다.

NOTE

- 두부와 마늘, 양파를 넣고 충분히 볶아주세요. 두부와 마늘 그리고 양파의 맛이 잘 어우러지고 포슬포슬한 식감을 얻을 수 있어요.
- 볶은 두부에 구운 호두를 잘게 다져 넣어 식감을 만들어주어도 좋답니다. 볶은 두부는 쌈밥 대신 밥에 올려 양념장처럼 비벼 먹어도 맛있답니다.

고슬고슬 잡곡밥과 단맛 도는 통마늘이 매콤한 양념장과 만났습니다. 양념장을 넣고 슥슥 비비면 통마늘이 부드럽게 으깨지고 쌀알 곳곳에 섞여 달콤한 감칠맛을 낸답니다.

난이도 ● 30분

통마늘 잡곡밥

재료(4인분)

쌀 2컵
잡곡 1/4컵
치아시드 1큰술
마늘 20~25알
밥물

[양념장]
다진 마늘 1큰술
간장 5큰술
매실액 2큰술
참기름 1큰술
고춧가루 1큰술
통깨 1큰술
파 1~2대

만들기

1 전기밥솥에 깨끗이 씻은 쌀, 잡곡, 치아시드, 마늘, 밥물을 넣고 밥을 짓습니다.
TIP 잡곡과 마늘의 비율은 잡곡 1컵당 마늘 10개로 잡아주세요. 밥물은 잡곡밥 지을 때와 동일하게 잡아주세요.

2 파는 송송 썰고 분량의 재료와 함께 섞어 양념장을 만듭니다.

3 마늘밥과 양념장을 곁들여 냅니다.

NOTE

- 잡곡밥을 지을 때 쌀과 잡곡을 8:2 비율로 넣으면 한결 먹기 편하답니다. 불리지 않아도 맛있는 잡곡류는 스틸컷오트밀, 레드렌틸콩, 찰수수, 조, 퀴노아, 스플릿피, 흑미 등입니다. 잡곡 외에도 치아시드 1큰술, 플랙시드 1큰술, 강황가루 1/2작은술을 함께 넣어 밥을 지어보세요. 맛도 좋고 건강에도 참 좋답니다.
- 양념장 만들기도 빠듯한 바쁜 날에는 소금 1/2작은술을 넣어 마늘밥을 지어보세요. 양념장 대신 송송 썬 파와 들기름만 살짝 섞어 비벼 먹어도 맛이 참 좋답니다.
- 심혈관 건강을 위해 마늘을 섭취해야 하는 분들은 레시피를 응용해 버섯밥, 콩나물밥 등에도 마늘을 넣어보세요. 강력한 항균 물질, 피로 회복 등에 좋은 마늘의 알리신 성분은 생으로 먹어야 효과가 크다고 하지만, 익혀 먹으면 맛도 향도 부드러워져서 마늘을 속 편하게 지속적으로 먹을 수 있답니다.

버섯이 어느 닭갈비 요리 못지않은 쫄깃한 식감으로 변신했어요. 특별히 채식을 이제 막 시작하시는 분들이 반겨하실 한 그릇 요리입니다.

난이도 ●● 30분

새송이 닭갈비 덮밥

재료(1인분)

밥 1공기
새송이버섯 3~4개
새싹채소 1줌
파 적당량
참기름 1큰술
식용유 적당량
소금 약간
후추 약간
검정깨 약간

[양념]
다진 마늘 1큰술
조청 1/2큰술(또는 메이플시럽)
고추장 1큰술
간장 1큰술

만들기

1 새송이버섯은 포크를 사용해 버섯을 결대로 긁어서 찢어줍니다(P.91 참고).
2 분량의 재료를 섞어 양념장을 만듭니다.
3 식용유를 두른 팬에 1을 넣고 소금으로 살짝 간하며 중강불에서 볶아줍니다.
4 새송이버섯이 부드러워지면 양념을 넣고 중불에서 볶다가 마지막에 참기름을 둘러줍니다. 이때 타지 않을 정도로 노릇노릇해질 때까지 잠시 가만히 둡니다.
TIP 양념을 마지막에 넣고 볶아야 쉽게 타지 않아요.
5 불을 끄고 후추를 톡톡 뿌리고 잘 섞어줍니다.
6 그릇에 밥과 새싹채소를 담고 5를 올립니다.
TIP 새싹채소가 없다면 깻잎을 잘라 넣어도 좋아요.
7 송송 썬 파와 검정깨를 얹어 마무리합니다.

NOTE

- 새송이버섯은 칼로 썰어도 되지만, 손으로 찢거나 포크로 긁어서 찢어주면 닭고기와 같은 결이 살아나 풍미도 좋아지고 보기에도 좋아요.
- 새송이버섯은 식이섬유 성분이 많아 인슐린 분비를 촉진해 당뇨에 좋은 채소고, 위벽을 튼튼하게 해 위장 장애 개선에도 도움을 준답니다.

맛있는 해조류를 꼽으라면 저는 톳일 것 같아요. 당근, 연근 등의 뿌리채소와 함께 밥을 지으면 다른 반찬 필요 없는 맛있는 한 끼 식사가 된답니다.

난이도 ●● 1시간

영양 톳밥

물이 끓어오르면 톳을 넣고 삶아줍니다.

당근, 연근은 깨끗이 씻고 먹기 좋은 크기로 썰어줍니다.

재료(2~3인분)

건톳 20g
쌀 2와 1/2컵
잡곡 1/2컵
소금 1/2작은술, 2꼬집
당근 1/3개
연근 1/3개
은행 2큰술
쪽파 1대
참기름 1큰술
밥물 3컵

만들기

1 냄비에 물을 넣고 물이 끓어오르면 톳을 넣고 5분간 삶은 후 불을 끄고 10분간 그대로 두었다가 찬물에 톳을 헹굽니다.

2 쌀과 잡곡은 씻어서 30분간 불린 후 체에 밭쳐 물기를 뺍니다.

3 삶은 톳은 소금 2꼬집, 참기름을 넣어 조물조물 버무립니다.

4 당근, 연근은 깨끗이 씻어서 먹기 좋은 크기로 썰어줍니다.

5 냄비에 불린 쌀을 넣고 소금 1/2작은술 넣고 섞어줍니다.

6 톳과 당근, 연근을 올리고 밥물을 넣은 후 뚜껑을 열고 중강불에서 끓입니다.

7 밥물이 끓어오르면 약불로 줄이고 은행을 넣은 후 뚜껑을 닫고 15분간 두었다가 불을 끄고 10분간 뜸을 들입니다.

TIP 밥물이 끓어오를 때 톳과 당근, 연근, 은행의 위치를 예쁘게 잡아주세요. 보기에도 예쁜 요리가 완성될 거예요.

8 쪽파를 송송 썰고 밥 위에 올려 마무리합니다.

NOTE

- 레시피에서 사용한 잡곡은 스플릿피 노란 완두콩과 퀴노아 등 작은 크기의 잡곡을 사용했어요.
- 톳은 칼슘과 철분 함량이 풍부해 빈혈을 예방하는 데 도움을 주는 고마운 식재료예요.

오늘은 애호박보다 조금 더 단단한 주키니로 맛있는
덮밥을 만들어보세요. 강낭콩을 더해 식감과 영양
을 플러스한 호박 덮밥입니다.

난이도 ● 30분

주키니 강낭콩 덮밥

재료(1인분)

밥 1공기
삶은 강낭콩 1/2컵
주키니 1개
양파 1/4개
매운 고추 1개
파 2~3대
다진 마늘 1큰술
메이플시럽 1/2큰술(선택사항)
고추장 1/2큰술
간장 2큰술
참기름 1/2큰술
식용유 1큰술
채수 1과 1/2컵
고춧가루 약간
전분가루 1큰술
소금 약간
통깨 약간
물 1큰술

준비하기

- 채수를 준비해주세요(P.44 채수 큐브 참고). 물 1과 1/2컵에 채수 큐브 1개를 넣어 줍니다.
- 냄비에 강낭콩을 담고 물을 넉넉히 넣어 30분간 삶아주세요. 간편하게 통조림 강낭콩을 사용해도 좋아요. 통조림 사용 시 내용물을 체에 밭치고 물로 헹궈 잔여물을 씻어내고 사용하세요.

만들기

1 주키니는 사방 1㎝ 크기로 깍둑썰고 양파, 매운 고추, 파는 잘게 썰어줍니다.

2 강낭콩은 포크로 굵직하게 으깨고, 물과 전분가루를 섞어 전분물을 만듭니다.

3 팬에 식용유를 두르고 중불에서 다진 마늘, 양파를 1~2분간 볶은 후 주키니를 넣고 1분간 볶아줍니다.

TIP 식용유 대신 채수 또는 물 2~3큰술을 넣고 부드럽게 익혀도 됩니다.

4 채수를 넣고 센불로 올린 후 고추장, 간장, 고춧가루를 넣어 잘 섞고, 간을 맞춥니다.

TIP 채수는 먼저 1컵을 넣고 남은 반 컵은 농도를 봐가며 넣어주세요.

5 으깬 콩과 잘게 썬 파, 매운 고추 일부를 넣고 전분물을 조금씩 넣어가며 농도를 조절하고 불을 끕니다.

TIP 콩은 완전히 익은 상태이기 때문에 한 번만 끓여주세요.

6 부족한 간은 소금으로 하고 참기름을 넣어 섞어줍니다.

TIP 기호에 따라 메이플시럽을 넣어주세요.

7 그릇에 밥을 담고 6을 얹은 후 남은 매운 고추, 파, 통깨를 뿌려 마무리합니다.

NOTE

- 주키니는 눈 건강에 좋고 섬유질은 풍부하면서 열량은 적은 채소예요. 애호박에 비해 살짝 더 단단해 덮밥 요리할 때 사용하기 좋아요. 다만 애호박에 비해 단맛이 조금 부족하므로 조청이나 올리고당, 메이플시럽을 살짝 넣어 단맛을 보충해줘도 좋겠습니다.
- 저는 덮밥을 만들 때 삶은 콩을 으깨서 넣는 걸 좋아해요. 단백질도 보충해주고, 식감이 참 좋아지거든요. 강낭콩 대신 병아리콩도 좋고 검은콩도 좋답니다.

찐 채소 나물밥

난이도 ● 30분

채소의 영양을 제대로 섭취하면서 간단하게 만드는 초간단 채소찜으로 나물밥을 만들었어요. 고추장이나 간장 양념 없이 들깻가루만 솔솔 뿌려 비벼 먹는 나물밥이랍니다.

재료(1인분)

밥 1공기
양송이버섯 3~4개
민들레 잎 2줌
시금치 2줌
물냉이 2줌
비트 잎 2줌
치커리 2줌
들깻가루 2큰술

[들기름 양념장]
다진 마늘 1큰술
들기름 3큰술
가루간장 1/2큰술
소금 약간

준비하기

- 분량의 잎채소들은 물에 5분간 담가 두었다가 깨끗하게 씻어주세요. 체에 밭쳐 물기를 뺍니다.

만들기

1 분량의 재료를 섞어 들기름 양념장을 만듭니다.

2 잎채소와 양송이버섯을 먹기 좋은 크기로 썬 후 김이 오른 찜기에 올립니다.

3 들기름 양념장을 골고루 뿌린 후 5분간 찝니다.

4 밥 위에 찐 채소들을 종류대로 올리고 들깻가루를 뿌려 마무리합니다.

TIP 레시피의 나물밥은 고추장이나 간장 양념이 없어도 맛있게 먹는 한 그릇 요리입니다.

NOTE

- 수분이 많은 요리에는 가루간장이 유용해요. 가루간장이 없다면 간장 1큰술을 사용하세요.
- 찐 채소 나물밥에는 분량의 잎채소 외에도 케일, 숙주, 느타리버섯 등 다양한 재료를 사용할 수 있어요.

아이부터 어른까지 모두가 좋아하는 콩가스 밥! 콩고기를 돈가스처럼 바삭하게 구워 밥 위에 올렸답니다.

난이도 ●● 40분

콩가스 밥

재료(4인분)

콩고기 500g
빵가루 2컵
두유 1/3컵
적양파 1/4개
아스파라거스 4개
브로콜리 줄기 2개
이탈리안 파슬리 1줄기

[드레싱]
메이플시럽 1/2큰술
레몬즙 1큰술
소금 약간
후추 약간

준비하기

- 콩고기를 준비해주세요(P.48 콩고기 참고). 냉동실에 보관 중인 콩고기가 있다면 요리 1시간 전에 미리 실온에 꺼내 두세요.

NOTE

- 레시피에서는 콩고기 패티를 4개로 만들었지만, 기호에 따라 6개나 16개로 나누어 작은 너깃으로 만들어도 좋아요. 또 패티의 크기나 두께에 따라 굽는 시간이 달라질 수 있으니 중간중간 살펴보면서 구워주세요.
- 에어프라이어가 없다면 작은 프라이팬에 식용유를 넉넉히 두르고 중불로 시작해 중약불로 줄여가며 앞뒤로 노릇하게 구워주세요.

1

2

3

4

5

6

만들기

1 콩고기를 4개로 나누고 손으로 눌러가며 모양을 만듭니다.
TIP 콩고기 패티의 두께가 일정해야 골고루 구워져요.

2 두 개의 넓고 평평한 그릇에 각각 빵가루와 두유를 담고 콩고기 패티 양면에 빵가루-두유-빵가루 순으로 묻혀주세요.

3 브러시를 사용해 2의 양면에 식용유를 골고루 묻혀주세요.

4 에어프라이어 팬에 겹치지 않게 3을 담고 160도에서 15분간 구운 후 뒤집어서 10분간 구워줍니다.

5 적양파, 아스파라거스, 브로콜리 줄기는 채칼로 얇게 썰어 볼에 담고, 이탈리안 파슬리와 함께 드레싱 재료를 골고루 섞은 후 후추를 뿌려줍니다.

6 구운 콩가스는 먹기 좋게 잘라 밥 위에 얹고 샐러드와 함께 곁들이세요.

따뜻한 국물이 생각나는 날 수제비를 만들어보세요. 구수한 통밀가루에 쫄깃함을 더해줄 전분을 섞고 시금치 곱게 갈아 넣은 푸른빛 반죽을 숟가락으로 뚝뚝 떠서 넣는 참 쉬운 수제비입니다.

난이도 ● 40분

시금치 수제비

재료(2~3인분)

감자 1개
양파 1/4개
주키니 1/2개
매운 고추 2개
파 2대
다진 마늘 1큰술
간장 2큰술
소금 약간
후추 약간

[채수]
말린 표고버섯 8개
다시마 1장(6×8㎝)
물 2ℓ

[반죽]
시금치 2줌
통밀가루 1과 1/2컵
감자전분가루 1/2컵
소금 1/2큰술
물 1컵

만들기

1 냄비에 말린 표고버섯과 다시마, 물을 넣고 15분간 끓여 채수를 만듭니다.

2 감자, 주키니는 반달 모양으로 썰고 양파는 채 썰고 매운 고추와 파는 어슷썰어줍니다.

3 믹서에 시금치와 물을 넣고 간 후 큰 볼에 나머지 반죽 재료 분량을 함께 넣고 반죽합니다.
TIP 숟가락을 사용해 가루가 보이지 않을 정도로만 섞어주세요.

4 1의 다시마는 건져내고, 손질한 감자와 양파를 넣고 한소끔 끓입니다.
TIP 채수 냄비의 표고버섯은 그대로 두세요.

5 3을 숟가락으로 조금씩 떠서 넣어주세요. 중간중간 저어가면서 끓여줍니다.
TIP 수제비 반죽이 너무 도톰하면 먹기 힘들 수 있으니 조금 얇게 뜬다는 생각으로 떠 넣어주세요.

6 다진 마늘, 간장을 넣습니다. 부족한 간은 소금으로 맞춰주세요.

7 주키니를 넣어 한소끔 끓이고 불을 끈 후 매운 고추를 넣고 후추를 뿌려 마무리합니다.

NOTE

- 레시피의 수제비 반죽은 힘들게 치대지 않아도 괜찮아요. 치대서 쫄깃해지는 반죽이 아니라 전분의 쫄깃함을 빌린 반죽이기 때문에 숟가락으로 가루가 보이지 않을 정도로만 섞어주면 됩니다.

구수한 된장에 조물조물 무쳐 끓여낸 우거지 들깨탕. 배추의 섬유질은 여전히 남아 있지만 겉껍질을 벗겨내어 술술 넘어가는 부드러운 들깨탕이랍니다.

난이도● 40분

우거지 들깨탕

재료(2~3인분)

배추 겉잎 20~25장
간장 2큰술
들깻가루 6큰술
오트밀가루 2큰술
채수 1.3ℓ
소금 1/2작은술

[우거지 양념]
파 4~5대
다진 마늘 2큰술
된장 3큰술
고춧가루 2큰술

준비하기

- 채수를 준비해주세요(P.44 채수 큐브 참고). 물 5와 1/2컵에 채수 큐브 2~3개를 넣어주세요.
- 배추 겉잎을 삶아 우거지를 준비해주세요. 끓는 물에 배춧잎의 두꺼운 줄기 부분을 담그고 잠시 기다렸다가 잎 끝까지 담근 후 삶아줍니다. 중간중간 뒤적여주며 줄기가 연해질 때까지 삶고 다시 찬물에 담가 씻은 뒤 물기를 꼭 짜고 줄기의 껍질을 벗깁니다.
- 오트밀가루가 없다면 믹서에 오트밀 4큰술을 넣고 곱게 갈아주세요.

만들기

1 우거지는 물기를 뺀 후 적당한 크기로 썰어줍니다.

2 파는 다진 후 볼에 담고 1과 다진 마늘, 된장, 고춧가루를 함께 넣어 조물조물 무칩니다.

3 냄비에 양념한 우거지를 넣고 채수를 둘러 천천히 볶아줍니다.
TIP 채수 일부를 먼저 넣고 볶으면 우거지에 된장 맛도 듬뿍 들고 마늘, 파의 맛과 향이 잘 배어든답니다.

4 나머지 채수를 넣고 간장과 소금으로 간하고 들깻가루와 오트밀가루를 넣어 적당한 농도를 만듭니다.
TIP 이때 채수는 우거지가 잘 풀어질 정도로만 자작하게 부어주세요. 처음부터 채수를 많이 부으면 걸쭉한 탕 요리가 아닌 국물 요리가 되어버려요.

NOTE

- 우거지 양념에 대파를 사용할 때는 1~2대, 쪽파를 사용할 때는 4~5대를 사용해주세요.
- 채수 큐브 대신 무와 말린 표고버섯, 다시마, 양파와 물을 넣고 끓인 채수를 사용해도 좋아요.
- 들깻가루만으로 농도를 걸쭉하게 만들어도 좋지만 오트밀가루를 함께 넣으면 영양도 맛도 풍부해진답니다. 배추가 밭에서 우리 집으로 오기까지 수고하고 애쓴 농부들의 땀방울에 감사함을 가득 담아 준비해보세요.

다양한 채소가 어우러지면서 만든 진한 국물과 깊은 감칠맛을 담은 채개장. 채식이 이렇게 맛있을 수 있나 하는 생각이 절로 드는 음식이랍니다.

난이도 ● 30분 + 8시간

채개장

재료(4~5인분)

말린 고사리 1줌
무 1/5개
양파 1개
배추 1/2개
말린 표고버섯 7~8개
느타리버섯 1팩
팽이버섯 2봉지
다시마 1장(6×8cm)
대파 2대
숙주 1봉지
물

[양념]
다진 마늘 3컵
진간장 1/2컵(또는 리퀴드아미노스)
참기름 3큰술
고춧가루 1/2컵
들깻가루 1컵

준비하기

- 전날 말린 고사리를 삶아줍니다. 찬물에 넣고 30분 이상 삶은 후 12시간 이상 물을 갈아주면서 담가두세요.

만들기

1 다시마는 작게 자르고 나머지 채소는 사방 5cm 정도의 길이로 썰어줍니다.

2 냄비 바닥에 무, 양파, 말린 표고버섯, 다시마 순으로 차곡차곡 넣습니다.

3 나머지 손질한 채소들도 차곡차곡 담아줍니다.

4 분량의 재료를 섞어 양념을 만들고 3에 부어줍니다.

5 냄비에 담긴 채소의 양보다 3~4cm 정도 낮게 물을 부어줍니다.
TIP 채소에서 수분이 많이 나오기 때문에 물을 적게 넣어요. 물 양은 마지막 단계에서도 조절할 수 있으니까요.

6 슬로우쿠커 강 모드에서 8시간 동안 천천히 끓이면 완성입니다.

NOTE

- 말린 고사리는 독성이 있기 때문에 반드시 삶고 담가두는 과정이 필요해요. 마른 고사리 1줌은 주먹만 한 크기입니다.
- 제가 사용하는 슬로우쿠커의 최고 온도는 150도예요. 온도를 천천히 끌어올려 일정하게 유지해주기 때문에 끓어 넘칠 염려가 없어요. 보고 있거나 저어주지 않아도 되어 참 편리하죠. 7~8시간 정도 두면 양념도 푹 배고 채소들이 정말 부드러워진답니다.

캐슈 사골 떡국

난이도● 20분

사골 국물 대신 캐슈너트 국물로 부드러운 떡국을 만들어보세요. 뽀얀 국물 속에 함유된 불포화지방산 리놀레산과 셀레늄, 마그네슘 등의 영양소는 혈중 콜레스테롤 수치를 낮추는 효과가 있답니다.

재료(2인분)

떡국떡 2공기
캐슈너트 1/2컵
마늘 2개
파 2~3대
소금 3/4작은술
통후추 약간
물 3과 1/2컵

만들기

1 믹서에 캐슈너트, 마늘, 소금, 물을 넣고 곱게 갈아줍니다.

2 1과 떡국떡을 냄비에 넣고 끓입니다.

3 그릇에 담고 송송 썬 파와 통후추를 갈아서 뿌려줍니다.
TIP 기호에 맞게 소금 간해주세요.

NOTE

- 사골 국물에 떡을 넣고 소금으로 간해서 떡국을 끓이듯 캐슈너트 국물에 떡을 넣고 소금 간하면 완성되는 초간단 떡국 레시피예요.
- 떡국 국물에는 상대적으로 고소한 맛이 강한 구운 캐슈너트보다는 생캐슈너트가 잘 어울려요. 보글보글 끓여서 먹는 음식이기 때문에 위가 약하신 분들도 무리 없이 속 편하게 드실 수 있답니다.
- 꼭 통후추를 갈아 넣는 것을 추천드려요. 특별한 향이 없는 캐슈 사골 떡국에는 신선한 후추의 향이 꼭 필요하답니다.

짭조름한 간장소스에 쫄깃쫄깃한 메밀면과 아삭아삭한 양배추가 시원하게 어우러진 국수. 담백하고 고소한 맛에 아이부터 어른까지 모두 맛있게 먹을 수 있는 별미지요.

난이도● 30분

양배추 간장국수

재료(2인분)

메밀면 180g
양배추 1/6개
적양배추 1/8개
양파 1/4개
미니 파프리카 1개
검정깨 1큰술

[간장소스]
다진 마늘 2/3큰술
매실청 1큰술
간장 3큰술
참기름 2큰술(또는 들기름)
식초 1큰술

만들기

1 면 삶을 물을 불에 올려두고 분량의 재료를 섞어 간장소스를 만듭니다.

2 양배추, 적양배추는 필러로 채 썰고, 양파는 칼로 얇게 채 썰어줍니다.

3 끓는 물에 메밀면을 넣어 삶고 찬물에 충분히 씻어 전분기를 없앱니다.

4 삶은 메밀면과 양배추를 간장소스에 골고루 버무린 후 미니 파프리카를 채 썰어 올리고 검정깨를 뿌려 마무리합니다.

NOTE

- 기호에 따라 견과류나 씨앗류들을 함께 넣어 드세요. 가니시에 따라 국수의 맛과 향이 달라져요.
- 아삭한 양배추는 참기름, 들기름과 아주 잘 어울리는 식재료예요. 들기름은 오메가3 지방산 함량이 가장 높은 식물성 기름이고, 참기름은 오메가6 지방산 계열인 리놀레산과 오메가9 지방산 계열인 올레산이 다량 들어 있죠. 기호에 따라 참기름과 들기름을 만들어보세요.
- 위장에 좋은 식품으로 알려진 양배추는 장수 식품 중 하나예요. 양배추는 암을 예방하고, 혈액 순환, 변비 개선, 피부결 개선 등 우리 몸에 도움을 주는 성분이 많아 '약이 되는 채소'로 불린답니다. 생으로 섭취할 때 더 많은 영양분을 섭취할 수 있는 양배추를 메밀면과 함께 아삭아삭 맛있게 즐겨보세요.

고춧가루 하나 없는데 느껴지는 매콤함이 먹는 내내 새로운 느낌을 선사할 거예요.

난이도● 30분

고구마면 아몬드 비빔국수

재료(1인분)

고구마면 1/2개
오이 1/2개
어린잎채소 1줌
방울토마토 1개

[아몬드 비빔소스]
불린 아몬드 1/4컵
대추야자 2~3개
레몬즙 2큰술
와사비 1작은술(선택사항)
소금 1/2작은술
통깨 2큰술
물 3/4~1컵

준비하기

- 불린 아몬드를 준비해주세요. 볼에 아몬드를 담고 뜨거운 물을 부어 10~15분간 불린 뒤 물기를 완전히 제거합니다.

만들기

1 고구마는 면처럼 길게 채 썰고 오이는 먹기 좋게 썰어줍니다.

2 믹서에 1과 분량의 재료를 넣은 후 물을 부어가며 갈아 아몬드 비빔소스를 만듭니다.

TIP 대추야자가 없다면 조청이나 메이플시럽으로 대체하세요. 이때 물은 3/4컵 정도만 넣고 농도를 봐가며 가감하세요.

3 그릇에 고구마면과 오이, 어린잎채소를 담고 아몬드 비빔소스를 부어줍니다.

4 방울토마토는 반으로 갈라 얹고, 통깨를 솔솔 뿌려 마무리합니다.

NOTE

- 아몬드 대신 캐슈너트나 호두도 좋아요. 캐슈너트를 사용하면 담백한 맛의 소스, 호두를 사용하면 조금 진한 맛의 소스가 만들어져요. 견과류로 만든 비빔소스 하나면 하루에 따로 견과류를 챙겨 먹지 않아도 된답니다.
- 대추야자는 은근한 단맛을 선사해요. 대추야자를 사용할 때는 물 1컵을 모두 넣어야 알맞은 농도가 만들어져요.

가벼운 식사가 필요한 날, 든든하게 영양까지 함께 챙길 수 있는 국수예요. 아삭한 오이면과 달콤한 고구마면이 고소하고 담백한 캐슈국물과 잘 어울린답니다.

난이도 ●　20분

오이면 캐슈국수

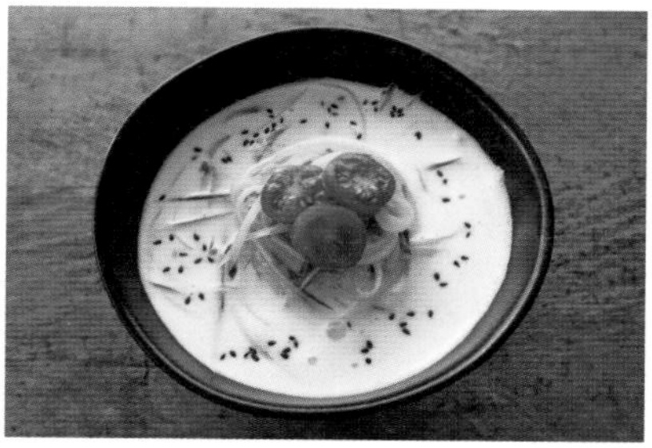

재료(1인분)

고구마 1/4개
오이 1개
방울토마토 1개

[캐슈국물]
불린 캐슈너트 1/4컵
소금 1/2작은술
검정깨 1큰술
물 1과 1/2컵

준비하기

- 불린 캐슈너트를 준비해주세요. 볼에 캐슈너트를 담고 뜨거운 물을 부어 5~10분간 불린 뒤 물기를 완전히 제거합니다.

만들기

1 믹서에 분량의 재료를 넣고 최대한 곱게 갈아 캐슈국물을 만듭니다.
TIP 물은 한 번에 다 붓지 않아요. 먼저 물 1과 1/4컵 정도를 넣고 이후 농도를 봐가며 나머지 물을 가감해주세요.

2 고구마, 오이는 면처럼 가늘게 채 썰고 그릇에 담은 후 캐슈국물을 부어줍니다.

3 방울토마토를 반으로 갈라 얹고 검정깨 솔솔 뿌려 마무리합니다.

NOTE

- 불린 캐슈너트를 갈 때 초고속 믹서가 아니라면 캐슈너트가 잠길 정도로만 물을 붓고 최대한 곱게 갈아주세요. 그다음 남은 물을 넣고 갈면 면포에 거르지 않아도 될 정도로 아주 곱게 갈립니다.
- 캐슈국물을 미리 만들어두고 바쁜 날엔 면만 준비해 간편히 즐겨보세요.

칼로리도 염려되고, 소화도 잘 안되고, 글루텐이 몸에 잘 맞지 않아 염려된다면 라이스페이퍼로 쌀면을 만들어보세요. 쫄깃한 면발과 고소함, 매콤함의 삼합이 매력적인 요리예요.

난이도 ●● 30분

땅콩소스 볶음면

재료(1인분)

라이스페이퍼 3~4장(또는 쌀면 1인분)
단단한 두부 1/8모
양파 1/6개
마늘 3개
시금치 2줌
매운 고추 1개
식용유 1큰술
소금 1꼬집

[땅콩소스]
간장 1큰술(또는 리퀴드아미노스)
고추장 1큰술
무염 땅콩버터 2큰술
후추 약간
물 1컵

준비하기

- 라이스페이퍼 3~4장을 물에 적신 뒤 면처럼 썰어주세요. 시판용 쌀면은 중간 굵기로 준비해주세요.
- 무염 땅콩버터를 준비해주세요(P.39 넛버터 참고).

만들기

1 초퍼에 양파, 마늘, 매운 고추를 각각 넣고 잘게 자릅니다.

2 웍에 식용유를 두르고 손질한 마늘, 양파를 넣고 볶아줍니다.

3 두부는 으깨 넣고 소금 1꼬집을 넣어 간한 후 매운 고추를 넣고 살짝 볶아줍니다.

4 분량의 재료를 섞어 땅콩소스를 만들고 3에 넣어 끓여줍니다.
TIP 고추장 대신 두반장을 사용해도 좋아요. 기호에 따라 양을 가감하세요.

5 준비한 면을 넣고 볶으면서 시금치를 넣고 불을 끈 후 후추를 톡톡 뿌려 마무리합니다.

NOTE

- 고기 없는 레시피에서 두부는 정말 중요한 식재료예요. 영양은 물론 식감까지 살려주는 두부는 콩 함량이 많은 단단한 두부를 사용해 만들어요. 집에 부드러운 두부만 있다면 무거운 것을 올려놓아 물기를 뺀 후 사용하세요.
- 시금치 대신 청경채와 같은 잎채소들을 다양하게 활용해도 좋아요.

우리 몸속에 쌓인 피로와 노폐물들을 해독하고 면역력을 높여주는 녹두. 고소하고 담백한 녹두로 맛있는 묵국수를 만들어보세요.

난이도 ●● 30분 + 굳히는 시간

청포 묵국수

묵국수칼을 이용해 묵을 잘라줍니다.

재료(2~3인분)

청포묵가루 1컵
참기름 1/2큰술
소금 1/2작은술
물 6컵

[소스]
다진 마늘 2/3큰술
매실액 2큰술
간장 3큰술
식초 1큰술
참기름 1/2큰술
물 1/2컵

[가니시]
김 1/4장
쪽파 1~2대
통깨 약간

준비하기

- 묵을 썰 때 사용할 묵국수칼을 준비해주세요. 묵국수칼이 없다면 칼로 가늘고 길게 채 썰어주세요.

만들기

1 냄비에 물 4컵을 넣고 끓입니다.

2 볼에 청포묵가루 1컵과 물 2컵을 섞습니다.
TIP 청포묵가루와 물의 총비율은 1:6입니다.

3 냄비 바닥에 기포가 생기면 2를 붓고 바닥 부분까지 긁으며 저어줍니다.

4 바닥에 덩어리가 생기기 시작하면 약불로 줄인 후 계속 저어줍니다.

5 묵이 투명해지면 참기름, 소금을 넣고 잘 섞어준 후 불을 끄고 적당한 용기에 담아 1~2시간가량 굳힙니다.
TIP 기호에 따라 소금의 양을 가감하세요. 묵을 굳힐 때는 뚜껑을 살짝 닫고 실온에서 굳혀주세요.

6 분량의 재료를 섞어 소스를 만듭니다.

7 완성된 묵은 묵국수칼이나 칼로 가늘고 길게 채 썰어줍니다.

8 그릇에 7과 소스를 담고 송송 썬 파와 김 등의 가니시를 얹어 마무리합니다.

NOTE

- 매끈하고 단단한 묵면을 만들고 싶다면 냄비 바닥에 기포가 뽀글뽀글 올라오기 시작할 때 베이킹소다를 1/4작은술 넣고 잘 섞어주세요. 베이킹소다를 넣는 이유는 전분이 호화될 때 알칼리성 조건에서 안정적이기 때문이에요. 베이킹소다는 물을 알칼리화해 묵을 투명하게 하고 끈기를 더해주어서 잘 끊어지지 않게 합니다.
- 먹고 남은 묵은 냉장고에 보관해두고 먹기 전에 잘라 끓는 물을 붓고 30초~1분가량 두면 다시 말랑해진답니다.

상큼한 무절임, 새콤달콤한 오이절임 그리고 들기름 간장소스가 적절히 어우러져 마지막 한 젓가락까지 맛있게 먹을 수 있는 한 그릇 요리랍니다.

난이도● 30분

들깨향 가득 비빔국수

재료(2인분)

메밀면 180g

[무절임]
무 1/3개
메이플시럽 1~2큰술
레몬즙 1/4컵
소금 1/2작은술

[오이절임]
오이 1/2개
메이플시럽 1~2큰술
레몬즙 1/4컵
소금 1/2작은술

[들기름 간장소스]
무 · 오이절임 물 1/2컵
마늘 2/3큰술
간장 2큰술
들기름 2큰술

[가니시]
깻잎 5장
무순 1줌
김 약간
들기름 2큰술
들깻가루 2큰술

준비하기

- 무 · 오이절임을 준비해주세요. 무와 오이는 적당한 크기로 썰어 각 분량의 재료와 함께 한나절가량 절여주세요.

만들기

1 무 · 오이절임 물에 분량의 재료를 넣고 섞어 들기름 간장소스를 만듭니다.

2 깻잎은 적당한 크기로 썰고 무순은 씻어서 준비하고, 김은 잘게 자릅니다.

3 메밀면을 삶고 찬물에 씻은 후 체에 밭쳐 물기를 뺍니다.

4 그릇에 메밀면, 무절임, 오이절임, 깻잎, 무순을 담고 들기름 간장소스를 부은 후 들깻가루, 자른 김을 올리고 들기름을 뿌려 마무리합니다.

NOTE

- 무 · 오이절임 물을 국수의 소스로 사용할 수 있어요. 동치미 국물이 있다면 대체해서 사용하셔도 좋아요.
- 따뜻한 레몬수로 하루를 시작하시는 분들 계시죠? 레몬즙은 지방을 연소해 체중을 감량하는 데 도움을 주고 소화를 촉진하고 변비를 예방하고 면역력을 강화해줍니다. 무엇보다 레몬즙은 혈관 벽에 콜레스테롤이 달라붙지 않도록 해 혈관을 튼튼하게 해준답니다. 그동안 따로 레몬즙을 챙겨 드시지 않았다면 레몬으로 채소를 절여서 드셔보세요. 레몬을 사용하는 것이 익숙하지 않으시다면 레몬즙과 식초를 반반 사용해도 좋아요.
- 들깨를 이루고 있는 성분 중 40%가 지방인데 이 중 약 60%가 오메가3 지방산이라고 해요. 오메가3 지방산이 풍부한 식재료는 플랙시드, 햄프시드, 치아시드와 같은 씨앗류와 아보카도 등이 있어요.

사과소스 메밀 막국수

난이도 ● 40분

시원하고 상큼한 사과소스에 비벼 먹는 메밀 막국수예요. 사과와 양파를 믹서에 휘리릭 갈아 만든 가벼운 소스로 무더운 여름날 입맛을 돋워줄 거예요.

재료(2인분)

메밀면 180g
땅콩 분태 2큰술
상추 5~6장
깻잎 10장
통깨 1큰술

[사과소스]
동치미 국물 1컵
양파 1/4개
사과 1/2개
간장 2큰술
식초 2큰술
고춧가루 2큰술
설탕 2큰술

준비하기

- 시원한 동치미 국물을 준비해주세요. 동치미 국물이 없으면 물김치 국물도 좋고요. 시판용 사과주스 1/2컵을 사용해도 좋아요.

만들기

1 사과는 씨를 제거한 후 굵게 썰고 양파도 굵게 썰어 분량의 나머지 재료와 함께 믹서에 넣고 곱게 갈아 사과소스를 만듭니다.

2 끓는 물에 메밀면을 넣고 삶아줍니다.

3 상추는 1㎝ 너비로 자르고 깻잎은 또르르 말아 채 썰어줍니다.

4 통깨는 갈아서 깨소금을 만듭니다.

5 삶은 면은 찬물에 씻고 체에 밭쳐 물기를 뺀 후 그릇에 담고 소스와 채소들, 땅콩 분태와 깨소금을 얹어 마무리합니다.

NOTE

- 사과소스를 만들 때 고추장은 사용하지 않아요. 텁텁해지기 쉽거든요. 상큼한 사과소스는 바로 먹어도 좋지만, 냉장고에서 한나절 이상 숙성시켰다 먹으면 색도 예뻐지고 맛도 좋아집니다.
- 상추와 깻잎 대신 냉장고에 있는 자투리 채소들, 양배추나 적양배추, 당근, 오이 등 있는 채소들을 가늘게 썰어 얹어주어도 좋아요.

PART 3

현지 맛 그대로, 글로벌 건강식

따뜻한 바게트 속에 새콤달콤하게 절인 채소와 따뜻하게 구운 두부를 넣어 먹는 베트남 샌드위치 반미를 만들어보세요. 매콤한 스리라차소스와 할라페뇨, 고수까지 넣으면 더할 나위 없죠.

난이도● 30분

두부 반미

재료(1~2인분)

바게트 1/2개
두부 1/2모
할라페뇨 1개
고수 3~4줄기
콩물마요네즈 1큰술(또는 두부마요네즈)
스리라차소스 1작은술
메이플시럽 1큰술
간장 1큰술

[무 · 당근절임]
무 1/4개
당근 2개(작은 크기)
레몬즙 2큰술
원당 2큰술
소금 1/2작은술

준비하기

- 콩물마요네즈를 준비해주세요(P.43 콩물마요네즈 참고).

만들기

1 무, 당근은 채 썰어줍니다.

2 볼에 1과 레몬즙, 원당, 소금을 섞고 뒤적여주면서 15분가량 절입니다.

3 두부는 1㎝ 두께로 썰어 팬에 굽고 메이플시럽, 간장을 넣어 약불에서 졸입니다.
TIP 두부에 양념이 남아 질척하지 않도록 바싹 구워주세요.

4 고수는 깨끗이 씻어 체에 밭쳐 물기를 빼고 할라페뇨는 어슷썰어줍니다.

5 바게트는 반으로 접히도록 갈라 마른 팬에 살짝 구운 후 콩물마요네즈를 발라 줍니다.

6 구운 바게트에 구운 두부, 무절임, 당근절임, 할라페뇨를 올리고 스리라차소스를 살짝 뿌린 뒤 고수를 올려 마무리합니다.

NOTE

- 반미의 맛은 절인 채소가 좌우해요. 원당이나 조청 등 사용하시는 달콤한 소스와 적당량의 소금, 레몬즙에 맛있게 절여주세요. 레몬 대신 식초를 사용하셔도 좋아요.

라이스페이퍼에 다양한 속 재료를 넣고 그대로 싸 먹거나 튀겨서 먹는 스프링롤. 오늘은 라이스페이퍼 대신 케일에 싸서 드셔 보세요. 싱싱한 푸른 잎 케일에 싸면 맛도 좋지만, 롤이 서로 붙지 않아 시간이 지나고 먹어도 맛있게 먹을 수 있답니다.

난이도 ●● 40분

케일 스프링롤

케일 잎 뒷면의 굵은 줄기를 잘라냅니다.

케일 잎 매끈한 면이 바닥에 닿게 하고 속 재료를 쌓듯이 올립니다.

재료(2~3인분)

두부 2/3모
당근 1개
오이 1/2개
워터멜론 래디시 1개
홍피망 1/2개
노란 파프리카 1/2개
적양배추 1/5개
케일 10~12장
고수 1줌
무염 넛버터 적당량
식용유 약간
소금 약간

[느억맘소스]
다진 마늘 1/3큰술
홍고추 1큰술(또는 피망)
라임즙 1큰술
간장 2큰술
원당 2큰술과 1/2작은술
끓인 물 1/4컵

준비하기

- 무염 넛버터(아몬드버터 또는 땅콩버터)를 준비해주세요.(P.39 넛버터 참고).

만들기

1 홍고추는 다진 후 볼에 담아 다진 마늘, 원당 1/2작은술과 섞어 10분간 둔 뒤, 나머지 분량의 재료를 섞어 느억맘소스를 만듭니다.

2 두부는 얇고 길게 썰어 식용유와 소금을 뿌리고 200도로 예열한 오븐에서 10~15분간 구워줍니다.

3 케일 데칠 물을 불에 올리고 케일 잎 뒷면의 굵은 줄기를 잘라냅니다.

4 끓는 물에 케일 잎을 2~3장씩 20~25초간 데칩니다.
TIP 케일 잎이 얇다면 데치는 시간을 줄여주세요. 잘 말아질 정도로 데치세요.

5 홍피망, 노란 파프리카는 씨를 제거하고 당근, 오이는 껍질을 벗기고 모두 비슷한 두께로 5㎝ 길이로 채 썰고, 래디시는 얇게 편 썰고 고수는 송송 썰고 적양배추는 필러로 채 썰어줍니다.

6 케일 잎의 매끈한 부분이 바닥에 닿게 하고, 채소들과 구운 두부를 쌓듯이 올린 후 끝부분에 넛버터를 발라줍니다.
TIP 넛버터는 접착제 역할뿐만 아니라 부드러운 맛을 더해주죠.

7 돌돌 말아 반으로 썬 후 소스와 함께 곁들이세요.

NOTE

- 레시피의 두부는 다양한 방법으로 조리할 수 있어요. 오븐이 없다면 팬에 식용유를 두르고 바삭하게 구워도 좋아요. 오븐이나 팬에 굽지 않고 찜기에 찐 후 사용해도 좋습니다.
- 구운 두부는 간장에 재워도 좋아요. 미리 간장 1/2큰술과 참기름 1작은술, 올리고당(또는 메이플시럽) 1작은술을 섞어 양념장을 만들고 두부를 재워두었다 사용해요.
- 케일 스프링롤은 아몬드소스도 아주 잘 어울린답니다. 아몬드소스를 만들 때는 아몬드버터 1/3컵과 간장 2큰술, 메이플시럽 2큰술, 라임즙 2큰술, 다진 마늘 1/3큰술, 물 1큰술을 섞어서 만들어요. 아몬드버터 대신 땅콩버터로 대체할 수 있어요.
- 향신채를 사용하면 요리의 전체적인 분위기를 향긋하게 만들 수 있어요. 고수가 없다면 바질 또는 파의 초록 부분을 송송 썰어 사용하세요.

테마끼는 주로 생선회를 잘게 다져 다양한 방법으로 간한 후 새콤달콤한 초밥용 밥과 함께 바삭한 마른 김에 싸 먹는 일본식 롤이에요. 레시피에선 회 대신 눈을 감고 음미하면 참치 맛이 나는 부드러운 아보카도를 매콤하게 간해서 사용했어요.

난이도 ●● 30분

아보카도 테마끼

재료(2인분)

김밥용 김 4장
아보카도 1개
파 1대
두부마요네즈 1큰술(넉넉하게)
스리라차소스 2/3큰술
간장 1작은술(또는 리퀴드아미노스)
생강절임 적당량
와사비 + 간장 적당량
소금 약간

[초밥용 밥]
밥 1과 1/2공기
레몬즙 1큰술
참기름 1작은술
소금 1~2꼬집

만들기

1 밥에 참기름, 레몬즙, 소금을 넣고 잘 섞어줍니다.
TIP 수분을 날리듯 섞어주세요. 레몬즙의 산미는 개운한 맛을 선사해요.

2 아보카도는 씨를 제거하고 껍질을 벗긴 후 덩어리가 남도록 포크로 살짝만 으깨줍니다.
TIP 양념을 넣을 때 한 번 더 으깨야 하므로 살짝만 으깨주세요.

3 으깬 아보카도에 두부마요네즈, 스리라차소스, 간장, 소금을 넣고 파를 송송 썰어 넣은 후 살짝만 섞어줍니다.
TIP 기호에 맞게 소금 간해주세요.

4 김밥용 김을 4등분하고 밥과 맵게 간한 아보카도, 생강절임, 와사비 간장과 함께 냅니다.

NOTE

- 레시피의 포인트는 먹을 때 김이 눅눅해지지 않는 거예요. 초밥용 밥을 만들 때도 수분을 최대한 날리면서 섞어주세요. 다른 재료들을 손질하기 전에 밥을 먼저 섞고, 밥을 고르고 넓게 펴두고 수분을 날려주세요.
- 테마끼는 일본어로 손(て)+말이(まき)를 뜻해요. 그래서 영어로는 핸드롤(hand roll)로 불린답니다. 김 한쪽에 밥과 매콤한 아보카도를 얹어 말고, 생강절임과 와사비 간장과 함께 즐겨보세요.

오렌지 두부 부다볼

난이도 ● 20분

부처의 그릇이라고 불리는 부다볼은 미국 내에서 트렌드가 된 한 그릇 채식 요리예요. 볼에 현미나 퀴노아와 같은 통곡물, 색색의 채소들, 두부와 같은 단백질을 균형 있게 담아낸 간단요리랍니다.

재료(2인분)

현미밥 1~2공기
단단한 두부 1모
브로콜리니 1줌
스위트파프리카 3~4개
마늘 3개
파 1대
걸쭉이소스 1큰술
식용유 약간
전분가루 3큰술
소금 2~3꼬집
검정깨
물 1~2큰술

[오렌지소스]
오렌지즙 1컵(오렌지 3개)
다진 마늘 1큰술
스리라차소스 2큰술
간장 1큰술
뉴트리셔널이스트 1큰술

준비하기

- 오렌지의 즙을 짜서 준비해주세요. 오렌지가 없다면 시판용 오렌지주스(과즙 100% 주스)를 사용해도 좋아요.
- 걸쭉이소스를 준비해주세요(P.45 걸쭉이소스 참고).

만들기

1 채소들을 깨끗이 씻습니다. 마늘은 편으로 썰고 스위트파프리카는 씨를 제거한 후 굵게 다지고 브로콜리니는 먹기 좋게 손질합니다.

2 두부는 사방 1㎝ 크기로 썬 후 볼에 소금, 전분가루를 함께 넣고 골고루 섞어줍니다.

3 팬에 식용유를 두르고 마늘, 브로콜리니, 스위트파프리카를 넣어 소금을 뿌려 살짝 볶다가 물을 넣은 후 뚜껑을 닫고 잠시 두었다가 그릇에 담아둡니다.

4 팬에 식용유를 두르고 두부를 노릇하게 구운 후 그릇에 꺼내둡니다.

5 마른 팬에 분량의 오렌지소스 재료를 넣어 한소끔 끓이고 반으로 졸입니다.

6 5에 구운 두부를 넣고 걸쭉이소스를 섞어 마무리합니다.

7 넓은 그릇에 현미밥과 3, 6을 얹고 송송 썬 파와 검정깨를 뿌려 마무리합니다.

NOTE

- 레시피에서는 색감이 다양하고 질감이 얇은 스위트파프리카를 사용했어요. 일반 파프리카 1/2개를 사용해 만들어도 좋아요.
- 두부는 단단한 두부를 사용하세요. 전분가루와 함께 섞을 때 두부가 으깨지지 않도록 조심히 다뤄주세요.
- 걸쭉이소스는 이 레시피처럼 농도가 진해야 할 요리에 넣어주면 좋아요. 걸쭉이소스를 1큰술 넣어주면 참기름 향과 간장의 짭조름함도 더하고 농도도 완성하며 음식의 윤기를 살려준답니다.

전형적인 미국의 아침 식사 팬케이크. 여기서는 빵과 전을 합쳐놓은 것 같은 포근포근하고 쫄깃한 팬케이크를 소개합니다. 오트밀, 바나나, 우유 3가지 재료로 만들었어요.

난이도● 20분

오트밀 팬케이크

재료(2~3인분)

오트밀가루 1컵
식물성 우유 1컵
잘 익은 바나나 1개
소금 1/4작은술
식용유 약간

[토핑]
바나나 적당량
블랙베리 적당량
메이플시럽 적당량

준비하기

- 오트밀가루가 없다면 믹서에 오트밀 1과 1/3컵을 넣고 곱게 갈아주세요.

만들기

1 믹서에 오트밀가루, 바나나, 식물성 우유, 소금을 넣고 갈아 반죽을 만듭니다. 잠시 3분 정도 그대로 둡니다.
TIP 반죽을 되직하게 만들면 도톰한 빵처럼 구워지고, 묽게 만들면 전처럼 구워집니다.

2 팬에 식용유를 살짝 두른 후 코팅하듯 닦아냅니다. 반죽을 붓고 반죽 윗부분에 기포가 생기기 시작하면 1분 30초가량 구운 후 뒤집어서 1분가량 구워줍니다.
TIP 기름기가 많으면 팬케이크가 매끈하게 구워지지 않아요.

3 토핑용 과일은 메이플시럽과 함께 냅니다.

NOTE

- 바나나가 팬케이크의 달콤함과 볼륨을 만들어줍니다. 잘 익은 바나나를 사용할수록 맛이 좋답니다. 냉동 바나나를 사용할 때는 미리 실온에 꺼내 두었다 사용하세요.
- 식물성 우유는 아몬드우유와 같은 견과우유나 콩으로 만든 두유 또는 오트밀로 만든 오트우유도 좋아요. 우유가 없다면 물을 넣어 반죽해도 좋아요.
- 팬케이크를 일정한 크기로 굽고 싶으면 1/3컵짜리 계량컵을 사용하세요. 오트밀 1장을 1/3컵 크기의 컵 분량으로 구울 때 6장의 팬케이크가 나온답니다. 마지막 2장 분량의 반죽이 남았을 때 물이나 우유 1큰술을 넣고 잘 섞어서 농도를 만들어 구워주세요.
- 오트밀가루는 하얀 밀가루보다 섬유질과 영양 성분이 풍부하지만, 아무래도 가루를 사용하면 흡수가 빨라 당이 높아지기 마련이에요. 혹시 당뇨가 있으신 분들은 가루로 만든 음식들에 주의를 기울여주세요.
- 오트밀 반죽은 미리 만들어 밀폐 용기에 담아 냉장 보관해두고 사용하세요. 약 3일간 맛있게 먹을 수 있어요.

레터스랩은 상추쌈을 뜻해요. 상추 위에 색색의 채소와 쌀면, 구운 두부를 얹고 스리라차소스로 만든 소스, 고수를 얹어 태국의 맛을 낸 랩이랍니다. 레터스랩은 미국 채식주의자들 사이에 가장 인기 있는 메뉴 중 하나랍니다.

난이도 ●● 40분

타이 레터스랩

사방 1㎝ 크기로 깍둑썬 두부를 구워줍니다.

재료(2~3인분)

쌀면 40g
단단한 두부 1모
마늘 3개
느타리버섯 2줌
상추 적당량
메이플시럽 1큰술
참기름 1/2큰술
간장 1과 1/2~2큰술
식용유 1큰술
소금 2~3꼬집
후추 약간

[아몬드소스]
생강 1개(1.5㎝)
다진 마늘 1/3큰술
무염 아몬드버터 1/4컵
스리라차소스 2작은술
레몬즙 2작은술
간장 1큰술
원당 2작은술
물 3큰술

[가니시]
적양배추 약간
파 1~2대
고수 3줄기
검정깨 1작은술

준비하기

- 무염 아몬드버터를 준비하세요(P.39 넛버터 참고).

만들기

1 분량의 재료를 섞어 아몬드소스를 만듭니다.
2 두부는 사방 1㎝ 크기로 깍둑썰고 살짝 소금 간을 합니다.
   TIP 두부를 크게 자르면 먹기 불편해요.
3 팬에 식용유를 두르고 두부를 넣어 8~10분가량 바싹 구운 후 메이플시럽, 참기름, 간장을 섞어 부어줍니다.
4 느타리버섯은 잘게 찢고 마늘은 편 썰어줍니다.
5 팬에 식용유를 두르고 느타리버섯, 마늘을 넣어 구운 뒤 후추를 톡톡 뿌려줍니다.
6 볼에 쌀면을 담고 뜨거운 물을 부어 불려줍니다.
7 적양배추, 상추, 파, 고수는 씻어서 물기를 빼고, 적양배추는 필러로 채 썰고, 파는 송송 썰어줍니다.
8 상추 위에 쌀면과 구운 두부, 아몬드소스, 적양배추, 파, 고수를 얹고 검정깨를 솔솔 뿌려 마무리합니다.

NOTE

- 아몬드버터 대신 땅콩버터, 간장 대신 리퀴드아미노스, 레몬즙 대신 식초로 대체해 사용할 수 있어요.
- 생강은 아주 작은 양이 들어가지만, 소스의 색깔을 내는 재료예요. 생강 대신 생강오일을 소량 넣어도 좋아요.
- 저는 주로 잎이 부드러운 버터헤드상추를 사용해요. 하지만 아삭한 상추도 괜찮아요. 구하기 쉬운 재료로 준비하세요.

라따뚜이는 프랑스의 가정집에서 흔히 만들어 먹는 따뜻한 모둠 채소 요리예요. 어떤 재료든 활용할 수 있어 집에 있는 자투리 재료로 손쉽게 만드는 건강한 음식이랍니다.

난이도 ●● 80분

라따뚜이

손질한 채소들을 겹겹이 세워줍니다.

재료(2~3인분)

토마토소스 1컵(300g)
가지 1개
주키니 1개
노란 호박 1개
토마토 3개
바질 1줌
올리브오일 1큰술
소금 약간
후추 약간

[드레싱]
다진 마늘 2/3큰술
엑스트라버진 올리브오일 2큰술
소금 1/3큰술
후추 1/8작은술

준비하기

- 토마토소스를 준비해주세요(P.46 토마토소스 참고).

만들기

1 팬에 올리브오일을 두르고 토마토소스를 넣고 중불에서 잘 섞어주면서 끓입니다.

2 바질은 잘게 썰어 넣고 기호에 따라 소금, 후추를 뿌려 간하고 불을 끕니다.

3 가지, 주키니, 노란 호박, 토마토를 2㎜ 두께로 동그랗게 편 썰어줍니다.

4 토마토소스가 담긴 팬에 손질한 채소들을 겹겹이 세워 보기 좋게 돌려 담아줍니다.

5 작은 볼에 분량의 재료를 넣고 섞어 드레싱을 만듭니다.
TIP 로즈마리나 타임 같은 허브류가 있다면 넣어주셔도 좋아요.

6 4에 드레싱을 골고루 뿌려줍니다.
TIP 채소에 간을 해주는 시간이에요.

7 종이포일로 덮은 후 190도로 예열한 오븐에서 30분간 굽고, 다시 종이포일을 벗기고 20분간 구워냅니다.

NOTE

- 가지, 호박, 토마토 외에도 파프리카와 같은 다양한 색깔 채소들을 넣어도 좋아요.
- 레시피에서는 동그랗게 편 썰었지만 한 입에 먹기 좋게 깍둑썰어서 토마토소스와 함께 버무려 구워도 좋아요.
- 토마토소스와 채소들을 함께 먹는 촉촉한 라따뚜이. 맛있고 신선한 토마토소스가 있다면 꼭 만들어보세요. 빵이나 파스타와 곁들여 먹어도 참 좋답니다.

고기 대신 쫄깃한 표고와 병아리콩, 보들보들 한 연두부로 중국의 맛과 향을 담았어요. 따뜻한 밥과 함께 내면 마파람에 게 눈 감추듯 순식간에 한 그릇 뚝딱하게 된답니다.

난이도 ●● 40분

병아리콩 마파두부

재료(3~4인분)

삶은 병아리콩 1컵
연두부 1/2~1모
생강 1개(2㎝)
파 3~4대
다진 마늘 1큰술
두반장 2큰술
고추기름 2~3큰술
간장 1큰술
원당 1작은술
감자전분가루 1큰술
고춧가루 1작은술
후추 약간
물 1큰술

[채수]
말린 표고버섯 5개
물 2와 1/2컵

준비하기

- 삶은 병아리콩을 준비해주세요(P.48 병아리콩 삶기 참고). 간편하게 통조림 병아리콩을 사용해도 좋아요. 통조림 사용 시 내용물은 체에 밭쳐 물로 헹군 후 사용하세요.
- 걸쭉이소스를 준비해주세요(P.45 걸쭉이소스 참고).

만들기

1 냄비에 말린 표고버섯, 물을 넣어 뚜껑을 덮고 15분간 끓여 채수를 만듭니다.

2 포크로 삶은 병아리콩을 굵게 으깨줍니다.
TIP 으깨면서 벗겨진 껍질도 모두 사용합니다.

3 연두부는 물기를 빼고 1~1.5㎝ 크기로 깍둑썰어줍니다.
TIP 으스러지지 않게 조심조심 썰어주세요.

4 1의 표고버섯을 건져 찬물로 씻고 꼭 짠 후 버섯의 줄기를 제외하고 곱게 다집니다.
TIP 버섯 삶은 물은 채수로 사용합니다.

5 파는 송송 썰고 생강은 곱게 다집니다.

6 중불에 팬을 올리고 고추기름을 두른 후 4를 넣어 1~2분간 살짝 볶고, 다진 마늘과 생강을 넣고 1~2분간 더 볶아줍니다.

7 고춧가루와 두반장을 넣고 섞은 뒤 채수 2컵을 넣고 끓입니다.

8 원당, 간장을 넣어 간합니다.

9 감자전분가루, 물 1큰술을 섞어 전분물을 만들고 완성된 마파두부 양념의 농도를 봐가며 조금씩 넣어줍니다.

10 연두부를 넣고 섞고 후추와 파를 뿌려 마무리합니다.
TIP 연두부는 으스러지기 쉬우니 휘젓지 마세요.

NOTE

- 두반장은 콩, 소금, 향신료를 섞어 만든 중국의 장류 중 하나랍니다.
- 전분물은 한 번에 다 붓지 않고 조금씩 넣어가며 원하는 농도를 만들어주세요. 전분물 대신 걸쭉이소스를 사용해도 돼요. 걸쭉이소스를 사용할 때는 간장과 참기름, 전분이 들어 있다는 점을 감안해 간을 맞춰주세요.

포모도로 파스타

난이도 ●● **20분**

'포모도로'는 이탈리아어로 토마토라는 뜻이에요. 신선한 토마토소스만 있다면 포모도로 파스타를 라면 만큼 쉽게 만들 수 있답니다.

재료(1인분)

파스타면 80~100g
토마토소스 1컵
바질 1줌
올리브오일 1큰술
소금 1큰술
후추 약간
물 1ℓ

준비하기

- 토마토소스를 준비해주세요(P.46 토마토소스 참고).

만들기

1 넉넉한 냄비에 물과 소금을 넣고 물이 끓어오르면 파스타면을 넣은 다음 알덴테로 삶아줍니다.
TIP 물과 소금의 비율은 100:1입니다.

2 삶은 파스타면은 체에 밭쳐 물기를 뺀 후 올리브오일을 넣고 소금과 후추를 톡톡 뿌리고 골고루 버무려줍니다.
TIP 면수는 남겨둡니다. 토마토소스와 버무릴 때, 면이 불었을 때, 간을 맞출 때 넣어 사용하면 좋아요.

3 바질은 잘게 썰어줍니다.

4 파스타면과 토마토소스, 바질을 골고루 섞고 접시에 담습니다.

NOTE

- 알덴테란 면의 익힘을 뜻하는 용어로 면의 단면에 머리카락 굵기만큼의 하얀 심이 남아 있는 정도, 살짝 덜 익힌 상태를 말해요. 보통 파스타면 포장지 겉면에 '7~9분간 삶아주세요'라고 써 있을 거예요. 집에서 적은 양을 만들 때는 8분 정도 삶아주면 알덴테로 드실 수 있답니다.
- 삶은 파스타면은 찬물에 씻지 않아요. 면수는 버리지 말고 두고, 면만 건져내어 올리브오일과 소금, 후추로 살짝 간해주면 잘 붙지도 않고 불지도 않아 사용하기 편리합니다.
- 생바질의 매력은 한식에 파를 넣는 것과 비슷해요. 파와 마찬가지로 바질은 장식용 식재료가 아니에요. 파스타의 맛을 한층 업그레이드 시켜준답니다. 생바질이 없다면 마른 바질이나 파슬리를 넣어도 좋아요.

부드러운 병아리콩과 담백한 콜리플라워, 달콤한 고구마가 크리미한 코코넛밀크와 아주 잘 어울린답니다. 커리가루와 진한 레드커리 페이스트로 간단하지만 더욱 깊은 맛을 느끼실 수 있을 거예요.

난이도 ●●● 40분

코코넛 커리

재료(4~5인분)

밥 1공기
삶은 병아리콩 2컵
고구마 1개(중간 크기)
양파 1개(중간 크기)
라임 1개
생강 1개(1.5㎝)
다진 마늘 1큰술
콜리플라워 1/3개
어린잎시금치 3줌
할라페뇨 1개
코코넛밀크 2컵
커리가루 2큰술
레드커리 페이스트 2큰술
원당 2작은술
소금 1과 1/2작은술
식용유 1큰술

준비하기

- 삶은 병아리콩을 준비해주세요(P.48 병아리콩 삶기 참고). 간편하게 통조림 병아리콩을 사용해도 좋아요. 통조림 사용 시 내용물은 체에 밭쳐 물로 헹군 후 사용하세요.

NOTE

- 삶은 병아리콩 대신 삶은 렌틸콩이나 작은 크기로 자른 구운 두부를 사용할 수 있어요.
- 커리가루와 레드커리 페이스트 대신 향신료들을 조합해 새로운 커리가루를 만들 수 있어요. 큐민과 강황가루, 파프리카가루를 1/2작은술씩 넣고 후추 1/4작은술 그리고 약간의 카옌페퍼를 넣어보세요.
- 원당은 커리에 꼭 필요한 재료예요. 기호에 따라 양은 조절할 수 있지만 꼭 넣어주세요. 약간의 단맛이 향신료들과 잘 어우러져 커리가 더 부드러워진답니다.

1

2

3

4

5

6

만들기

1 양파, 할라페뇨는 잘게 썰고 생강은 곱게 다지고 고구마, 콜리플라워는 한 입 크기로 썰어줍니다.

2 냄비에 식용유를 두르고 양파를 넣어 중불에서 2~3분간 볶은 뒤 다진 마늘, 생강을 넣고 1분간 살짝 볶아줍니다.

3 커리가루를 넣고 1~2분간 더 볶아줍니다.

TIP 커리 향이 충분히 올라오고 재료에 잘 입혀지도록 볶아주세요.

4 고구마, 콜리플라워, 할라페뇨, 삶은 병아리콩을 넣고 잘 섞어줍니다.

5 코코넛밀크, 레드커리 페이스트, 소금을 넣고 잘 섞어줍니다.

TIP 코코넛밀크는 1과 3/4컵을 먼저 넣고 기호에 따라 농도를 조절해가며 나머지 분량을 넣어주세요.

6 고구마가 부드럽게 익으면 원당, 라임즙, 어린잎시금치를 넣고 부드럽게 될 때까지 섞어줍니다.

TIP 고구마나 콜리플라워가 너무 많이 들어갔다면 코코넛밀크를 더 넣어 농도를 조절하세요.

7 그릇에 담고 따뜻한 밥과 함께 곁들입니다.

아보카도를 주재료로 만든 찍어 먹는 딥소스에요. 토르티야칩에 찍어 먹거나 토스트, 샌드위치에 넣기도 하고 샐러드용 소스로 사용하거나 구운 감자에 올려 먹기도 해요. 사워크림이나 치즈 대신 수프에 올려 먹어도 참 맛있는, 무궁무진한 활용도를 가진 간단 소스랍니다.

난이도● 10분

과카몰리

으깬 아보카도와 나머지 재료를 넣어 버무립니다.

재료(2~3인분)

잘 익은 아보카도 2개
양파 1/4개
토마토 1개(중간 크기)
라임즙 1큰술(또는 라임 1/2개)
마늘 1개
할라페뇨 1개
고수 1줌
소금 1/4작은술

준비하기

- 잘 익은 아보카도를 반으로 갈라 씨를 제거하고 껍질을 벗겨 준비해주세요.

만들기

1 아보카도를 덩어리지게 으깨줍니다.
TIP 마지막에 모든 재료와 한 번 더 버무려야 하기 때문에 살짝만 으깨줍니다.

2 양파, 마늘은 다지고 토마토는 작게 깍둑썰고 할라페뇨, 고수는 잘게 썰어줍니다.

3 볼에 라임즙, 소금을 넣어 골고루 섞고 나머지 재료를 넣고 버무립니다.

NOTE

- 너무 곱게 으깨면 물처럼 흐르는 질감의 과카몰리가 될 수 있으니 주의하세요.
- 함께 곁들일 칩에 따라 소금 양을 가감하세요. 짭짤한 칩과 함께 먹을 경우 소금 1/4작은술, 담백한 칩과 함께 먹을 경우 1/3큰술로 조절하세요.
- 과카몰리는 잘 익은 아보카도로 만들어야 맛도 좋고 손질도 쉬워집니다. 아보카도는 후숙 과일이에요. 초록빛의 단단한 아보카도를 샀다면 실온에 3~4일간 숙성해두세요. 껍질에 검은빛이 돌기 시작하고 만졌을 때 살짝 눌리는 느낌이 들기 시작하면 잘 익은 상태입니다.

대표적인 텍스-멕스(Tex-Mex) 요리에요. 텍스-멕스란 미국 남부 텍사스와 멕시코의 맛을 결합한 음식 문화입니다. 색색의 채소들을 향신오일에 담가 구워 토르티야에 싸 먹는 형식으로 한식의 구절판 요리와 비슷하죠.

난이도 ●● 40분

파히타

분량의 재료를 섞어 향신오일을 만듭니다.

재료(4~5인분)

토르티야 6개
적양파 1/2개
홍피망 1/2개
노란 피망 1/2개
양송이버섯 4~5개
캐슈크림(또는 비건 사워크림)
핫소스(또는 절인 할라페뇨)
후추 1/8작은술

[향신오일]
다진 마늘 2/3큰술
메이플시럽 1작은술
라임즙 1큰술
올리브오일 2큰술
파프리카가루 1/2작은술
카옌페퍼 1꼬집(또는 고춧가루)
큐민가루 1/2작은술
소금 1/3작은술

[가니시]
과카몰리 3큰술
라임 1개
할라페뇨 1개
고수 4~5줄기

준비하기

- 과카몰리를 준비해주세요(P.161 참고).

만들기

1 분량의 재료를 섞어 향신오일을 만들어줍니다.
TIP 파프리카가루, 카옌페퍼, 큐민가루와 같은 향신료들이 파히타의 맛과 향을 만들어준답니다.
2 모든 채소는 도톰하게 채 썰고 향신오일에 10분 이상 재웁니다.
3 팬에 2를 넣어 볶은 후 후추를 뿌리고 골고루 섞어줍니다.
4 가니시로 얹을 고수와 할라페뇨는 잘게 썰고 라임은 4~6등분으로 썰어줍니다.
5 토르티야는 마른 팬이나 찜기에 따뜻하게 데워 준비합니다.
6 볶은 채소들을 토르티야에 올리고 가니시를 얹은 후 캐슈크림, 핫소스를 뿌립니다.

NOTE

- 파프리카가루는 참나무 훈제 방식으로 말린 파프리카로 스모키한 향이 가득하죠. 향신료들 몇 가지를 사용해보면 요리의 폭이 넓어지고 더욱 풍부하고 깊은 맛을 느끼실 수 있을 거예요. 카옌페퍼는 고운 고춧가루로 대체할 수 있어요.
- 후추의 다양한 영양 성분 중 피페린은 체내 염증 제거에 도움을 주고 소화액 분비를 촉진한답니다. 하지만 고열로 가열할 경우 발암 물질인 아크릴아마이드가 생성되니 요리 완성 후 후추를 뿌려 드세요.
- 레시피에서는 파히타를 볶아 만들었지만, 오븐에서 구워도 좋아요. 200도로 예열한 오븐에서 15분간 굽고 다시 225도로 예열한 후 20~25분간 충분히 구워주면 채소와 향신료가 응축된 맛과 향을 즐길 수 있습니다.

팬 나초는 멕시코의 대표 주전부리예요. 바삭한 토르티야칩 위에 토마토와 콩, 할라페뇨를 얹고 캐슈치즈소스를 뿌린 후 오븐에서 구워요. 손님상 요리로 안성맞춤이랍니다.

난이도 ●● 40분

팬 나초

재료(4~5인분)

토르티야칩 5컵
적양파 1/4개
홍피망 1/2개
방울토마토 1컵
검은콩 1/2컵
블랙올리브 1/4컵
케이퍼 1큰술
할라페뇨 1개(또는 절인 할라페뇨)

[칩포틀소스]
캐슈너트 1/2컵
그린핫소스 2큰술
파프리카가루 1큰술
소금 약간
물 1/2컵

[캐슈치즈소스]
캐슈너트 1/2컵
뉴트리셔널이스트 1큰술
양파가루 1/2작은술
마늘가루 1/2작은술
소금 1/8작은술
후추 약간
물 1/2컵

만들기

1 믹서에 분량의 재료를 넣고 갈아 칩포틀소스를 만듭니다.

2 믹서에 분량의 재료를 넣고 갈아 캐슈치즈소스를 만듭니다.

3 방울토마토는 편 썰고 홍피망은 사방 0.5㎝ 크기로 썰고 적양파는 채 썰고, 블랙올리브, 할라페뇨는 송송 썰어줍니다.

4 베이킹 팬에 종이포일을 깔고 토르티야칩을 한 겹으로 펴 담아줍니다.

5 방울토마토, 홍피망, 적양파, 올리브, 케이퍼, 검은콩, 할라페뇨를 보기 좋게 골고루 얹어줍니다.

6 1과 2의 소스를 골고루 뿌려줍니다.

7 오븐의 랙에 걸고 브로일(Broil)로 2~3분간 살짝 구워줍니다.
TIP 브로일로 구울 때는 타지 않도록 오븐에서 눈을 떼지 말고 살펴봐주세요.

NOTE

- 멕시코 요리에 자주 사용되는 재료인 칩포틀은 훈제한 할라페뇨를 뜻해요. 칩포틀소스를 뿌려주면 멕시코 느낌 가득한 나초를 맛볼 수 있어요.
- 나초 위에 캐슈너트와 뉴트리셔널이스트로 맛과 향을 낸 캐슈치즈소스를 뿌려주세요. 바삭한 나초 곳곳에서 부드러운 치즈 향을 내준답니다.
- 가니시로 작게 자른 아보카도와 고수를 얹어 내도 좋답니다.

PART 4

몸이 가벼워지는 브런치와 밀프렙

달콤하면서 담백한 당근 수프. 당근의 고운 색은 식욕을 돋우고 마음을 편안하게 하는 힘이 있어요.

난이도 ● 30분

당근 수프

재료(2~3인분)

당근 7~8개(중간 크기)
양파 1개
마늘 5개
캐슈너트 1/2컵
채수 7컵
올리브오일 1큰술
소금 약간

[가니시]
딜 1줄기
올리브오일 약간
통깨 약간

준비하기

- 채수를 준비해주세요(P.44 채수 큐브 참고). 물 7컵에 채수 큐브 3개를 넣어줍니다.

만들기

1 당근은 0.5cm 두께로 동그랗게 썰고 양파는 굵게 다지고 마늘은 편으로 썰어 줍니다.

2 올리브오일을 두른 냄비에 양파, 마늘을 넣고 볶다가 당근을 넣고 살짝만 볶아줍니다.

3 2에 채수 6컵을 자작하게 붓고 뚜껑을 닫고 20분간 끓여줍니다.
TIP 채수는 냄비 속 재료들이 자작하게 잠길 만큼만 넣어주세요. 많이 넣으면 수프가 묽어집니다.

4 믹서에 채수 1컵과 캐슈너트를 넣고 간 후 볶은 당근을 넣고 곱게 갈아줍니다.

5 냄비에 넣고 약불에서 저어가며 끓여줍니다.

6 그릇에 담고 딜, 올리브오일, 통깨를 뿌려 마무리합니다.
TIP 딜 대신 파슬리가루를 올려도 좋아요.

NOTE

- 수프에 캐슈너트를 넣으면 채소의 풍미가 올라간답니다.
- 채수를 사용하는 것이 번거롭다고 느끼실지 모르겠어요. 하지만 자연에서 온 식재료에 시간을 들이고 정성을 담아 요리한 음식은 약이 되고 사랑이 되고 때로는 누군가의 인생을 바꿀 수도 있다고 생각해요.

양송이버섯과 감자, 양파의 맛과 영양이 오롯이 한 그릇 수프 속에 담겼어요. 남녀노소 누구나 좋아하는 양송이 수프를 만나보세요.

난이도● 30분

양송이 수프

분량의 채소들을 넣고 볶아줍니다.

재료(2~3인분)

감자 1/2개
양파 1/2~1개
다진 마늘 1큰술
양송이버섯 15~20개
파슬리 잎 적당량
무가당 요거트 1컵
채수 2~2와 1/2컵
올리브오일 1큰술
소금 2꼬집
후추 약간

준비하기

- 채수를 준비해주세요(P.44 채수 큐브 참고). 물 2와 1/2컵에 채수 큐브 2개를 넣어줍니다.
- 무가당 요거트를 준비해주세요(P.38 5분 완성 요거트 참고).

만들기

1 감자는 얇게 썰고 양파는 굵게 다지고 양송이버섯은 도톰하게 편 썰어줍니다.
TIP 양송이버섯은 익히는 과정에서 크기가 줄어든답니다.

2 냄비에 올리브오일을 두르고 양파를 넣고 중약불에서 4~5분가량 뭉근히 볶아줍니다.

3 다진 마늘과 감자를 넣고 볶아줍니다.

4 양송이버섯을 넣고 소금 간하며 볶아줍니다.
TIP 소금 간을 하면 양송이버섯에서 수분이 나와 볶기가 수월해요.

5 채수를 넣고 뚜껑을 덮고 끓여줍니다.
TIP 채수는 한 번에 다 넣지 않고 감자가 풀어지는 농도를 살피면서 걸쭉해질 정도로만 넣어주세요.

6 끓어오르면 불을 끄고 3~4분가량 잠시 기다린 후 무가당 요거트를 섞어줍니다.

7 잘게 썬 파슬리와 후추를 뿌려 마무리합니다.

NOTE

- 보통 수프의 농도는 밀가루와 버터로 루를 만들어 조절하지만, 레시피에서는 감자로 수프의 농도를 조절했어요. 감자의 형태가 남지 않고 부드럽게 풀어지도록 감자를 얇게 썰어주세요.
- 양파를 볶은 다음 마늘을 볶는 이유는 마늘의 향을 남기기 위해서예요. 감자를 넣은 후에는 바닥에 쉽게 눌어붙을 수 있으니 잘 뒤적여가며 볶아주세요.
- 파슬리는 장식용으로만 사용하지 않아요. 향신채의 한 종류로 수프의 향과 맛을 마무리 짓는 데 중요한 역할을 한답니다.

한가로운 오후 티타임에 함께 곁들이는 가벼운 오이 티 샌드위치는 오이와 크림치즈 그리고 딜의 조합이 전부인 샌드위치예요. 신비롭고 달콤한 향을 가진 딜을 오이 위에 얹어 내면 맛과 향, 분위기까지 잡은 티 샌드위치가 완성되죠.

난이도 ● 10분

오이 티 샌드위치

재료(2~3인분)

통밀식빵 4~5장
크림치즈 1/4컵
오이 1/2개
딜 적당량

준비하기

- 크림치즈를 준비해주세요(P.40 크림치즈 참고).

만들기

1 식빵은 가장자리 부분을 깨끗하게 자르고 먹기 좋은 크기로 4등분합니다.
2 식빵 한 면에 크림치즈를 바릅니다.
3 2에 오이를 얇게 썰어 얹고 다시 크림치즈를 바르고 딜을 얹어 냅니다.

NOTE

- 식빵은 대각선으로 두 번 자른 삼각 모양도 좋고, 날씬한 직사각 모양 또는 레시피처럼 정사각 모양 모두 좋아요.
- 딜은 감초 향이 나는 허브류예요. 장식용으로 쓰이는 것을 넘어 시원한 오이와 부드러운 크림치즈를 돋보이게 하는 역할을 톡톡히 한답니다. 딜이 없다면 바질 또는 싱싱한 파슬리를 잘게 썰어 얹어 드세요. 또 다른 맛의 티 샌드위치를 즐길 수 있어요.
- 오이 티 샌드위치를 만들고 나중에 먹어야 한다면, 식빵을 토스트한 후 크림치즈를 발라주세요.
- 오이 티 샌드위치는 한 끼 식사용 샌드위치는 아니에요. 간식처럼 곁들여 먹거나 작은 파티의 핑거푸드로 낼 수 있는 가벼운 샌드위치랍니다.

우유 달걀물에 빵을 적셔서 굽는 것을 프렌치토스트라고 하지요. 달걀물 대신 두부와 우유를 갈아 만든 두부물에 구워보세요. 은은한 시나몬 향이 매력적인 달콤하고 촉촉한 토스트랍니다.

난이도● 20분

두부 프렌치토스트

재료(2~3인분)

도톰한 식빵 2~3장
올리브오일 1큰술

[두부물]
단단한 두부 1/4모
아몬드우유 1컵(또는 두유)
메이플시럽 2큰술
시나몬가루 1/2작은술
소금 1꼬집

[선택사항]
과일 적당량
견과류 적당량
딸기잼 적당량

만들기

1 믹서에 아몬드우유, 두부, 메이플시럽, 시나몬가루, 소금을 넣고 곱게 갈아 두부물을 만들어줍니다.

2 식빵을 두부물에 담가줍니다.

3 올리브오일을 두른 팬에 앞뒤로 노릇하게 구워줍니다.
TIP 중약불로 시작해 약불에 두고 한 면을 약 3분 30초가량 충분히 구운 후 뒤집어주세요.

4 딸기나 블루베리 같은 과일이나 견과류, 딸기잼을 함께 곁들이세요.

NOTE

- 프렌치토스트의 유래는 오래전 독일에서 단백질 공급을 달걀에만 의존해야 했던 가난한 병사들을 위해 만든 토스트라고 해요. 이후 프랑스로 건너와 프렌치토스트라는 이름으로 굳어졌답니다.
- 프렌치토스트용 빵으로는 단단하고 도톰한 식빵이나 통으로 구워진 새싹빵 또는 그레인 빵을 도톰하게 잘라 사용하세요. 일반 식빵을 실온에 1시간쯤 두었다가 마른 빵을 사용하는 것도 방법이에요. 부드러운 식빵을 바로 사용할 땐 두부물에 살짝만 담갔다 구워주세요.
- 남은 두부물은 냉장 보관해두고 사용하세요.

참치 없이 만드는 참치 샌드위치입니다. 빵이나 크래커에 올려 먹어도 좋고 아삭한 상추 위에 얹어 먹어도 잘 어울린답니다. 오늘은 오픈 샌드위치로 즐겨보세요.

난이도 ● 20분

참치 오픈 샌드위치

재료(2~3인분)

베이글 1~2개
사과 1/2개
새싹채소 1줌

[비건 참치]
삶은 병아리콩 1컵
양파 1/4개
셀러리 1/2대
메이플시럽 1작은술
콩물마요네즈 2큰술(또는 두부마요네즈)
레몬즙 1큰술
참기름 1큰술
소금 1/4작은술
후추 약간

준비하기

- 삶은 병아리콩을 준비해주세요(P.48 병아리콩 삶기 참고). 간편하게 통조림 병아리콩을 사용해도 좋아요. 통조림 사용 시 내용물은 체에 밭쳐 물로 헹군 후 사용하세요.
- 콩물마요네즈를 준비해주세요(P.43 콩물마요네즈 참고).

만들기

1 볼에 삶은 병아리콩을 넣고 포크로 살살 으깨줍니다.
TIP 굵게 으깨주세요.

2 양파와 셀러리는 굵게 다지고 으깬 병아리콩과 나머지 분량의 재료를 섞어 비건 참치를 만듭니다.

3 사과는 얇게 썰고 새싹채소는 깨끗하게 씻어 물기를 뺍니다.

4 가로로 반 가른 베이글 위에 비건 참치-사과 조각-새싹채소 순으로 얹어 마무리합니다.

NOTE

- 새싹채소는 소복하게 올려주세요. 콩이나 견과류, 씨앗 등의 새싹인 새싹채소는 싹이 트는 시기에 질 좋은 단백질과 영양을 풍부하게 가지고 있어요.
- 참치의 대체 재료인 비건 참치는 미리 만들어 냉장 보관해 차게 먹어도 맛있어요. 비건 참치를 만들 때는 종종 김밥용 김을 작은 조각으로 잘라 넣어 바다의 향을 내기도 해요. 하지만 김은 금방 눅눅해지기 때문에 만든 후 바로 드시는 게 좋아요.

버터의 부드러움을 능가하는 건강한 과일 아보카도와 아삭함의 대표 주자 오이, 그리고 감칠맛 넘치는 상큼한 토마토를 버무린 샐러드예요. 엽산과 철분 함량이 높아 여성들에게 좋은 과일인 아보카도가 넉넉히 들어 있어 가벼움과 든든함을 동시에 가지고 있는 샐러드랍니다.

난이도● 30분

ACT 샐러드

재료(2~3인분)

적양파 1/2개(작은 크기)
오이 1개
아보카도 2개
방울토마토 25개
파슬리 1/4컵

[드레싱]
메이플시럽 1큰술
레몬즙 2큰술
엑스트라버진 올리브오일 2큰술
소금 1과 1/2작은술
후추 1/8작은술

만들기

1 분량의 재료를 섞어 드레싱을 만듭니다.

2 적양파는 4등분해 채 썰고, 오이는 반달 모양으로 썰고, 아보카도는 씨를 제거한 후 깍둑썰고, 방울토마토는 반으로 가릅니다.

3 볼에 손질한 채소를 담고 드레싱을 뿌린 후 버무립니다.

4 파슬리는 잘게 썰어 뿌립니다.

NOTE

- 처음 만들었을 때 너무 맛있어서 재료들을 기억하고자 아보카도(Avocado), 오이(Cucumber), 토마토(Tomato)의 알파벳 첫 글자를 따서 이름을 붙였답니다. 드레싱에 사용하는 올리브오일은 엑스트라버진 등급을 사용하면 좋아요. 드레싱은 미리 넉넉히 만들어서 냉장 보관해 두고 사용하세요.
- 방울토마토를 반으로 가르면 즙이 잘 나와서 다른 채소와 잘 어우러져요. 손질한 토마토는 바로 믹싱볼에 넣어주세요.
- 파슬리가 없다면 바질이나 차이브, 고수와 같은 다른 허브류를 넣어도 좋아요. 작은 양이지만 샐러드의 맛을 특별하게 해준답니다.
- 샐러드는 만들고 시간이 지나면 수분이 생겨 조금 싱거워져요. 채소의 양과 크기에 따라 소금 양을 가감하세요. 기호에 따라 드레싱 재료의 각 분량을 더해도 좋아요.

여름을 닮은 싱그러운 민트 잎을 예쁘게 얹은 과일 샐러드예요. 활성산소를 제거하는 항산화 성분이 가득하답니다.

난이도 ● 20분

과일 샐러드

재료(2~3인분)

수박 1/4개
딸기 5~6개
블루베리 1컵
민트 1줌

[드레싱]
라임즙 1큰술
레몬즙 1큰술
메이플시럽 1~2큰술

만들기

1 분량의 재료를 섞어 드레싱을 만듭니다.

2 과일은 먹기 좋게 손질합니다.

3 볼에 손질한 과일을 담고 드레싱을 뿌린 후 버무립니다.

4 민트는 잘게 썰어 솔솔 뿌려 마무리합니다.

NOTE

- 레시피에서 사용한 수박, 딸기, 블루베리, 레몬과 라임, 민트에는 우리 몸속 세포의 노화와 염증을 일으키는 활성산소의 공격을 막아주는 항산화 물질들이 가득합니다. 붉은 과일, 보라색 과일, 어떤 과일이든 좋아요. 간단하게 만드는 드레싱으로 샐러드를 준비해보세요. 맛없는 과일들을 만났을 때도 맛있게 먹을 수 있답니다.
- 민트는 열을 내리고 소화를 돕고 정신을 맑게 하며 집중력을 높여줘요. 달큼하고 상쾌한 향을 가진 민트 잎 한 장을 입에 넣고 꼭꼭 씹으면 입속이 개운하게 정리되지요. 물에 레몬 조각과 함께 넣어두면 노폐물 배출도 도와준답니다.

양배추 밥 샐러드

난이도● 30분

간장 베이스의 드레싱과 고소한 통깨, 파가 들어간 샐러드로 밥과 곁들이기 참 좋은 양배추 샐러드예요. 색깔 채소들에 가득한 파이토케미컬(phytochemical)이 가득하죠.

재료(2~3인분)

당근 1개
양배추 1/2개
적양배추 1/4개
홍피망 1개
쪽파 1/2컵
고수 1줌
구운 땅콩 1/2컵
구운 슬라이스 아몬드 1/2컵

[드레싱]
레몬즙 4큰술
메이플시럽 2큰술
참기름 2큰술
엑스트라버진 올리브오일 3큰술
간장 2큰술
소금 1/4작은술(선택사항)

[가니시]
구운 견과류 약간
쪽파 약간
고수 약간
통깨 약간

만들기

1 분량의 재료를 섞어 드레싱을 만듭니다.

2 양배추, 적양배추는 채 썰고 홍피망, 당근은 도톰하게 썰고 쪽파, 고수는 송송 썰어줍니다.

TIP 매콤한 맛을 좋아하시면 매운 고추를 조금 썰어 넣으세요.

3 구운땅콩과 슬라이스 아몬드는 굵게 다집니다.

4 볼에 손질한 채소를 담고 드레싱을 골고루 뿌려 버무리고 가니시를 얹어줍니다.

TIP 기호에 따라 드레싱 재료의 각 분량을 더해도 좋아요.

NOTE

- 바쁜 날엔 푸드프로세서에 양배추를 넣고 손질하세요. 하지만 당근과 홍피망은 아삭한 식감을 위해 꼭 칼을 사용해 채 썰어주세요.
- 구운 슬라이스 아몬드는 직접 만들 수 있어요. 팬에 아몬드를 넣고 중불에서 2~5분간 볶아줍니다. 불에서 내린 후에도 팬의 잔열로 구워지기 때문에 볶은 후 바로 다른 그릇에 옮겨 담고 식혀주세요. 구운 땅콩과 구운 슬라이스 아몬드 대신 해바라기씨, 호박씨 또는 캐슈너트 등을 넣어도 좋아요.
- 샐러드를 먹을 때는 먹기 직전 쪽파와 통깨, 견과류 등의 가니시를 뿌려주세요. 오도독한 식감과 고소함을 더할 수 있답니다.

홈 파티에도 잘 어울리는 샐러드에요. 그림을 그리듯 색색의 감귤류들을 배열하고 사이사이에 부드럽게 익은 비트를 담아보세요. 어쩜 이렇게 고운지. 마음에 감사함이 넘칠 거예요.

난이도 ● 20분

오렌지 비트 샐러드

재료(2~3인분)

자몽 1개
오렌지 1개
귤 2개
비트 1개
루콜라 1줌

[드레싱]
다진 양파 1큰술
레몬즙 1큰술
엑스트라버진 올리브오일 2큰술
소금 1/4작은술
후추 약간

준비하기

- 비트는 굽거나 쪄서 준비해주세요. 비트는 솔로 깨끗하게 씻어서 물기를 빼고 종이포일로 감싼 후 205도로 예열한 오븐에서 40분~1시간가량 굽거나 김이 오른 찜기에 올려 40분~1시간가량 쪄주세요.
- 비트의 크기에 따라 굽거나 찌는 시간이 달라질 수 있어요. 작은 크기의 비트는 10~15분 정도면 아주 부드럽게 쪄진답니다. 젓가락으로 찔렀을 때 쏙 들어가면 완성입니다.

만들기

1 분량의 재료를 섞어 드레싱을 만듭니다.
2 자몽, 오렌지, 귤, 비트는 껍질을 벗기고 동그란 모양으로 썰어줍니다.
TIP 오렌지는 위아래 부분을 썰어낸 후 껍질을 깎아내세요. 씨는 제거합니다.
3 적당한 그릇에 루콜라와 함께 보기 좋게 담고 드레싱을 뿌려 마무리합니다.
TIP 기호에 따라 간을 조절하세요.

NOTE

- 감귤류는 오렌지, 자몽, 귤, 레몬, 라임 등의 과일을 의미해요. 그중 오렌지는 네이블오렌지, 만다린 오렌지, 블러드 오렌지, 카라카라 오렌지 등 종류가 다양해요. 감귤류는 풍부한 수분과 함께 새콤함과 달콤함 때로는 씁쓸함과 짭짤함이 어우러져 있죠. 싱그러운 청량감을 주는 감귤류는 피로 회복과 기분 전환에 도움을 주는 최고의 과일이에요.
- 비트는 암을 비롯해 각종 질병을 예방하는 대표적인 식재료예요. 생으로 먹을 때 면역력 증대와 눈 건강, 암 예방에 좋은 항산화 성분 안토시아닌을 오롯이 섭취할 수 있지만, 소화력이 약하거나 생채소가 잘 맞지 않는 분들은 굽거나 쪄서 드시면 좋을 것 같아요. 비트를 구우면 아삭한 비트가 부드러운 식감으로 변한답니다. 익히는 방법으로 오븐이나 찜기 모두 사용할 수 있지만, 오븐에 구우면 비트를 더욱 달콤하게 먹을 수 있답니다.

제니스 샐러드

난이도 ● 30분

할리우드 배우 제니퍼 애니스톤이 사랑하는 콥샐러드 레시피를 기반한 샐러드예요. 글루텐 프리 식재료이면서 단백질 함량이 높은 퀴노아와 아삭한 식감을 더하는 양파와 오이, 여기에 고소한 견과류와 풍성한 양의 깻잎으로 감싼 샐러드랍니다.

재료(2~3인분)

삶은 병아리콩 1컵
퀴노아밥 3컵
적양파 1/4개
오이 2/3개
페타두부 1/2컵
가염 피스타치오 1/2컵
깻잎 6~7장

[퀴노아밥]
퀴노아 1컵
채수 2컵

[페타두부]
두부 1/4모
레몬즙 1/2큰술
양파가루 1/2작은술
뉴트리셔널이스트 1/2큰술
올리브오일 1큰술
소금 1/4작은술

[드레싱]
레몬즙 1/4컵
엑스트라버진 올리브오일 1/4컵
소금 1작은술
후추 1/4작은술

준비하기

- 삶은 병아리콩을 준비해주세요(P.48 병아리콩 삶기 참고). 간편하게 통조림 병아리콩을 사용해도 좋아요. 통조림 사용 시 내용물은 체에 밭쳐 물로 헹군 후 사용하세요.
- 채수를 준비해주세요(P.44 채수 큐브 참고). 물 2컵에 채수 큐브 2개를 넣어줍니다.
- 퀴노아밥을 준비해주세요. 전기밥솥에 깨끗이 씻은 퀴노아와 채수를 1:2의 비율로 넣고 백미 모드로 밥을 지은 뒤 그릇에 담아 식혀주세요.

만들기

1 분량의 재료를 섞어 드레싱을 만듭니다.

2 삶은 병아리콩은 체에 밭쳐 물기를 뺍니다.

3 두부를 으깨고 물기를 꼭 짠 후 분량의 재료를 섞어 페타두부를 만듭니다.

4 오이는 사방 1cm 크기로 깍둑썰고 양파, 깻잎은 사방 0.5cm 크기로 썰어줍니다.

5 넓은 볼에 퀴노아밥과 페타두부, 삶은 병아리콩, 오이, 적양파, 드레싱을 넣고 골고루 버무립니다.

6 깻잎과 피스타치오를 넣고 살짝 버무려 마무리합니다.
TIP 남은 샐러드는 밀폐 용기에 담아 냉장 보관하세요. 3~4일간 사용할 수 있어요.

NOTE

- 제니퍼 애니스톤의 오리지널 레시피는 염소치즈인 페타치즈를 사용해요. 보통 채식에서는 페타치즈 대신 두부를 깍둑썰어 병에 담고 올리브오일과 레몬 등으로 간을 해두었다가 사용한답니다.
- 제니퍼 애니스톤의 오리지널 레시피는 넉넉하게 넣은 파슬리에 민트를 더한 향신채 가득한 샐러드예요. 본문 레시피에서는 한국인이 사랑하는 향신채인 깻잎을 더했어요. 깻잎은 잘게 썰어 넉넉히 넣어주세요.
- 피스타치오만의 향과 맛이 있지만 기호에 따라 다른 견과류를 사용해도 좋아요.

언제나 사랑받는 쫄깃한 콩고기 샐러드예요. 푸짐한 야채에 쫄깃하면서도 부드러운 콩고기, 구운 마늘과 버섯을 얹고 새싹채소와 함께 상큼한 드레싱으로 즐겨보세요.

난이도 ●● 30분

차돌박이 샐러드

재료(2~3인분)

콩고기 300g
양파 1/4개
마늘 4개
양송이버섯 4개
어린잎채소 170g
새싹채소 1줌
식용유 1~2큰술

[드레싱]
다진 마늘 2/3큰술
레몬즙 1~2큰술
메이플시럽 1과 1/2큰술
간장 2큰술(또는 리퀴드아미노스)
참기름 1큰술
후추 약간

준비하기

콩고기 300g을 준비해주세요(P.48 콩고기 참고). 냉동해둔 콩고기가 있다면 실온에 꺼내두고 완전히 해동되기 전에 썰어주세요.

만들기

1 분량의 재료를 섞어 드레싱을 만들고 냉장고에 넣어둡니다.
TIP 드레싱이 숙성될 시간을 주는 거랍니다.

2 양파는 동그란 단면이 나오도록 썰고 찬물에 담가 매운맛을 뺍니다.

3 마늘, 양송이버섯은 편으로 썰어줍니다.

4 어린잎채소, 새싹채소는 깨끗하게 씻어 체에 밭쳐 물기를 뺍니다.

5 콩고기는 1~2㎜ 두께로 얇게 저밉니다.
TIP 완전히 해동되기 전에 썰어주세요. 살짝 녹기 시작할 때 썰면 얇게 저밀 수 있어요.

6 팬에 식용유를 두르고 중약불에서 손질한 양송이버섯, 마늘, 콩고기를 구워줍니다.
TIP 양송이버섯과 마늘에 소금을 살짝 뿌려 간해주세요.

7 접시에 어린잎채소를 담고 구운 콩고기와 양송이버섯, 마늘 그리고 양파를 얹어줍니다.

8 새싹채소를 얹고 드레싱과 함께 내세요.

NOTE

- 조금 더 쫄깃한 식감을 원한다면 QR코드 영상의 차돌박이 콩고기 만드는 법을 참고하세요. 레시피에서 사용한 콩고기는 영상의 차돌박이 콩고기보다 더 간편하게 만들었어요.

오이의 시원함에 부드러움까지 더한 크리미한 샐러드랍니다. 도톰하게 자른 통밀빵을 따뜻하게 구워 캐슈크림 오이 샐러드를 듬뿍 얹어 먹어보세요. 아침으로도 브런치로도 참 좋답니다.

난이도● 20분

캐슈크림 오이 샐러드

1~2㎜ 두께로 얇게 썬 오이를 소금에 절입니다.

재료(2~3인분)

적양파 1/4개
오이 1개
소금 1작은술
후추 약간

[드레싱]
불린 캐슈너트 1/2컵
메이플시럽 2큰술
레몬즙 3큰술
소금 1/4작은술
물 1/4컵(또는 오트우유)

준비하기

- 불린 캐슈너트를 준비해주세요. 볼에 캐슈너트를 담고 뜨거운 물을 부어 5~10분간 불린 뒤 물기를 완전히 제거합니다.

만들기

1 오이는 1~2㎜ 두께로 얇게 썰고 소금을 뿌린 후 골고루 섞어 15분간 절입니다.

2 적양파는 굵게 다집니다.

3 믹서에 불린 캐슈너트와 분량의 재료를 넣고 곱게 갈아 드레싱을 만듭니다.
TIP 초고속 믹서를 기준으로 20~30초간 곱게 갈아주세요.

4 소금에 절인 오이는 물기를 꼭 짜고, 잘게 썬 양파와 드레싱 2컵을 골고루 섞은 후 후추를 뿌려 마무리합니다.

NOTE

- 드레싱 속 레몬즙은 사과식초로 대신할 수 있어요. 레몬즙과 사과식초를 반반 섞어 사용해도 좋아요.
- 메이플시럽과 소금은 분량대로 넣어 곱게 간 후에 기호에 따라 가감할 수 있어요.
- 드레싱은 미리 만들어두고 사용하세요. 냉장고에 넣어두면 조금 더 되직해져요.
- 오이의 물기는 꼭 짜주세요. 물기를 덜 짜면 드레싱이 묽어져 싱거울 수 있어요.
- 신선하게 갈아 넣은 후추는 드레싱의 킥 아이템이에요. 꼭 넣어야 먹는 동안 샐러드의 풍미가 지속된답니다.

들깨와의 조화가 참 좋은 초간단 샐러드예요. 현미밥과 함께 꼭꼭 씹어 먹으면 신선한 자연을 그대로 옮겨온 건강한 한 끼 식사가 될 거예요.

난이도● 10분

초록잎 들깨 샐러드

재료(1인분)

현미밥 1공기
오이 1개
아보카도 1/2개
적양배추 1/4개
방울토마토 3개
어린잎채소 1줌
들깻가루 1~2큰술
소금 1꼬집

만들기

1 오이는 먹기 좋게 썰고 적양배추는 필러로 채 썰어줍니다.

2 아보카도는 씨를 제거한 후 먹기 좋게 작은 크기로 썰고 방울토마토는 편 썰어줍니다.

3 넓은 접시에 오이, 적양배추, 어린잎채소를 담고 들깻가루, 소금을 뿌려줍니다.

4 현미밥과 함께 냅니다.

NOTE

- 별다른 드레싱 없이 들깻가루와 소금만 뿌려도 참 맛있는 샐러드예요. 복잡하고 과한 양념들 없이 재료 본연의 맛있는 맛을 음미해보세요. 생채소와 현미밥은 함께 먹을 때 영양 균형을 맞출 수 있답니다. 꼭꼭 씹어 입안 가득 고소한 향을 느껴보세요.
- 레시피에서는 볶은 들깻가루를 사용했지만, 생채식을 하는 분들은 생들깻가루를 사용할 수 있어요.
- 아보카도 위에도 소금을 살짝 뿌려보세요. 고소함이 더해진답니다.

김 위에 현미밥을 얹고 검정깨 깨소금 솔솔 뿌리고, 아보카도 한 조각, 나머지 야채를 얹어서 드셔보세요. 정말 고소하고 맛있답니다.

난이도 ● 10분

생채소 캘리포니아롤

재료(1인분)

현미밥 1공기
김밥용 김 3~6장
아보카도 1/2개
당근 적당량
오이 적당량
파프리카 적당량
적양배추 적당량
소금 1/4작은술
검정깨 3큰술

만들기

1 믹서에 검정깨, 소금을 함께 갈아 깨소금을 만듭니다.
TIP 깨소금 분량은 2인용입니다.

2 당근, 오이는 채 썰고, 파프리카는 씨를 제거하고 채 썰고, 적양배추는 필러로 채 썬 후 넓은 접시에 모두 담아줍니다.

3 아보카도는 반으로 갈라 씨를 제거하고 먹기 좋게 썰고 접시에 담아줍니다.

4 손질한 채소가 담긴 접시와 김밥용 김, 깨소금을 현미밥과 함께 냅니다.

간편하게 밀프렙해두고 꺼내 먹는 4가지 병 샐러드를 소개합니다. 든든하고 가벼운 점심 한 끼가 되어줄 거예요.

난이도 ●● 30분

퀴노아 병 샐러드

준비하기

- 4컵 분량의 병(32oz)을 준비해주세요. 이보다 더 넉넉한 크기의 병도 좋아요.
- 삶은 병아리콩을 준비해주세요(P.48 병아리콩 삶기 참고). 간편하게 통조림 병아리콩을 사용해도 좋아요. 통조림 사용 시 내용물은 체에 밭쳐 물로 헹군 후 사용하세요.
- 퀴노아밥을 준비해주세요. 전기밥솥에 깨끗이 씻은 퀴노아와 물을 1:2의 비율로 넣고 백미 모드로 밥을 지은 뒤 그릇에 담아 식혀주세요.
- 타히니라고 불리는 참깨버터를 준비해주세요(P.39 넛버터 참고).

재료(1인분)

삶은 병아리콩 1/2컵
퀴노아밥 1/2컵
오이 1/2컵
방울토마토 1/2컵
어린잎채소 2줌

[드레싱]
다진 마늘 1/3큰술
참깨버터 3큰술
메이플시럽 2작은술
레몬즙 3큰술
소금 1/2작은술
물 3큰술

만들기

1 분량의 재료를 섞어 드레싱을 만듭니다.
TIP 드레싱을 먼저 만드는 이유는 맛이 숙성될 시간을 주기 위해서예요.

2 오이는 사방 1㎝ 크기로 깍둑썰고 방울토마토는 반으로 갈라줍니다.

3 병에 드레싱-삶은 병아리콩-오이-방울토마토-퀴노아밥-어린잎채소 순으로 담아줍니다.
TIP 재료들이 물러지지 않도록 단단한 재료 순으로 넣어주세요.

NOTE

- 밀프렙 샐러드 중 첫 번째로 소개해드리는 퀴노아 병 샐러드는 싱싱한 초록잎과 고소한 드레싱이 참 잘 어울리는 샐러드예요. 냉장 보관 시 약 4일간 맛있게 먹을 수 있어요. 먹는 방법은 드레싱이 고루 섞이도록 병을 위아래로 뒤집은 후 먹거나 큰 접시에 부어 드세요.
- 드레싱은 시간이 지나면 걸쭉해집니다. 처음 만들 때 약간 묽다 싶을 정도로 만들어주세요. 메이플시럽 대신 아가베시럽이나 원당을 사용해도 좋아요. 어린잎채소 외에도 루콜라, 시금치, 새싹채소 등 다양한 채소를 사용하세요.
- 병 샐러드는 미리 만들어서 냉장고에 넣어두고 간편한 점심으로 드시기 좋아요. 1일 1샐러드 챌린지 용도 또는 가벼운 산행이나 운동 후 먹는 샐러드 도시락으로 즐겨보세요. 다양한 재료의 조화가 색다른 맛을 내는 샐러드랍니다.

쌀국수 병 샐러드

난이도 ●● 30분

준비하기

- 4컵 분량의 병(32oz)을 준비해주세요. 이보다 더 넉넉한 크기의 병도 좋아요.
- 구운 땅콩을 준비해주세요(P.39 넛버터 1번 과정 참고).

재료(1인분)

버미셀리 55g
오이 1/4컵
두부 1/4모
구운 땅콩 2큰술
매운 고추 1개
숙주 1줌
상추 1줌
고수 2줄기
참기름 1/2큰술
식용유 1~2큰술
간장 1큰술

[드레싱]
다진 마늘 1/3큰술
원당 1큰술
간장 1과 1/2큰술(또는 리퀴드아미노스)
라임즙 1큰술
엑스트라버진 올리브오일 1큰술
물 2큰술

만들기

1 분량의 재료를 섞어 드레싱을 만듭니다.

2 두부는 사방 1~1.5㎝ 크기로 깍둑썰고, 식용유를 두른 팬에서 앞뒤로 노릇하게 구운 후 불을 끄고 간장, 참기름을 넣어 버무립니다.

3 버미셀리는 볼에 담고 뜨거운 물을 부어 불린 후 체에 밭쳐 물기를 뺍니다.

4 오이는 반달 모양으로 얇게 썰고 숙주는 깨끗하게 씻어서 체에 밭쳐 물기를 뺍니다.

5 구운 땅콩은 굵게 다지고 상추는 1㎝ 너비로, 고수는 잘게 썰고 매운 고추는 가늘게 어슷썰어줍니다.

6 병에 드레싱-두부-오이-숙주-상추-쌀국수-고수-구운 땅콩-매운 고추 순으로 담아줍니다.

NOTE

- 분짜라는 베트남 면 요리를 샐러드로 응용한 레시피입니다. 레시피에서 사용한 버미셀리는 굵기가 아주 가는 쌀면이에요. 마늘과 간장이 베이스인 드레싱에 가늘고 보슬보슬한 면이 얼마나 시원하게 어울리는지요.
- 냉장고에서 5일까지는 맛있게 먹을 수 있답니다.
- 상추 대신 양상추나 로메인을 사용해도 좋아요.

난이도 ●● 30분

옥수수 병 샐러드

준비하기

- 4컵 분량의 병(32oz)을 준비해주세요. 이보다 더 넉넉한 크기의 병도 좋아요.
- 찐 옥수수를 준비해주세요. 옥수수는 수염과 속껍질 한두 겹이 남도록 손질한 후 깨끗이 씻어 김이 오른 찜기에 올려 30분간 찝니다. 잠시 식힌 후 남은 껍질과 수염을 제거하고 옥수수 알갱이만 떼어 준비해주세요. 간편하게 통조림 옥수수를 사용해도 좋아요.
- 검은콩은 깨끗이 씻어 물에 담가 하룻밤 불려줍니다.

재료(1인분)

찐 옥수수 2개
불린 검은콩 1/2컵
아보카도 1/2개
적양파 1/8개
방울토마토 18개
고수 2줄기

[드레싱]
다진 마늘 1/3큰술
엑스트라버진 올리브오일 1큰술
라임즙 1큰술
소금 1/2작은술
후추 약간

만들기

1 전날 불려둔 검은콩은 김이 오른 찜기에서 5~10분간 찝니다.

2 분량의 재료를 섞어 드레싱을 만듭니다.

3 아보카도는 씨를 제거한 후 사방 1.5㎝ 크기로 깍둑썰고, 적양파는 잘게 다지고 방울토마토는 반으로 가르고 고수는 잘게 썰어줍니다.

4 병에 드레싱-아보카도-찐 검은콩-방울토마토-찐 옥수수-고수 순으로 담아줍니다.

TIP 라임드레싱이 아보카도의 갈변을 막아줍니다.

NOTE

- 씹을 때마다 시원한 옥수수즙이 팡팡 터지는 달콤한 샐러드예요.
- 아보카도가 들어간 병 샐러드는 만든 지 1일 이상이 되기 전에 드세요.
- 드레싱을 만들 때 주로 레몬과 라임을 많이 사용하는데요. 둘 다 신맛이 기본이지만 레몬은 약간의 단맛이 있고 라임은 약간의 씁쓸한 맛이 있어요. 좀 더 풍미가 필요한 샐러드에는 라임을 주로 사용한답니다.
- 고수 대신 파슬리를 사용해도 좋아요.

브로콜리 병 샐러드

난이도 ●● 30분

준비하기

- 4컵 분량의 병(32oz)을 준비해주세요. 이보다 더 넉넉한 크기의 병도 좋아요.
- 무가당 요거트를 준비해주세요(P.38 5분 완성 요거트 참고).

재료(1인분)

사과 3/4개
적양파 1/8개
브로콜리 90g
블루베리 1컵
해바라기씨 1/4컵

[드레싱]
무가당 요거트 1/2컵
메이플시럽 1큰술
레몬즙 2큰술
소금 1/4작은술

만들기

1 분량의 재료를 섞어 드레싱을 만듭니다.

2 사과와 브로콜리는 한 입 크기로 작게 썰고 적양파는 굵게 다집니다.

3 병에 드레싱-양파-브로콜리-블루베리-사과-해바라기씨 순으로 담아줍니다.

NOTE

- 상큼한 요거트드레싱이 정말 잘 어울리는 브로콜리 샐러드예요.
- 요거트는 두유나 캐슈너트로 만든 요거트 또는 오트로 만든 요거트 등 다양한 요거트를 사용하세요. 비건 그릭 요거트가 있다면 사용해도 좋아요.
- 적양파 대신 일반 양파를 사용해도 좋고, 사과 대신 말린 과일을 사용해도 좋아요.

부드럽고 구수한 스틸컷오트밀로 만든 오트밀에 우리나라를 넘어 전 세계가 사랑하는 김치 토핑을 얹어보세요. 든든한 아침을 시작할 수 있을 거예요.

난이도● 10분

김치 오트밀죽

밀프렙 오트밀죽

1 냄비에 채수를 넣고 끓입니다.
2 채수가 끓어오르면 스틸컷오트밀을 넣고 다시 3분간 끓인 뒤 불을 끕니다.
3 뚜껑을 덮고 그대로 하룻밤 두었다가 작은 용기에 소분해 냉장 보관합니다.
TIP 다음 날 아침에 보면 오트밀죽에 물이 생겼을 거예요. 잘 섞어주세요.

재료(1인분)

밀프렙 오트밀죽 1인분
김치 2/3컵
양파 1/4개
다진 마늘 2/3큰술
파 약간
고추장 1/2~1큰술
걸쭉이소스 2큰술
식용유 1큰술
통깨 약간
물 약간

[밀프렙 오트밀죽](4~5인분)
스틸컷오트밀 1컵
채수 5컵

준비하기

- 스틸컷오트밀로 밀프렙 오트밀죽을 준비해주세요.
- 채수를 준비해주세요(P.44 채수 큐브 참고). 물 5컵에 채수 큐브 3개를 넣어줍니다.
- 걸쭉이소스를 준비해주세요(P.45 걸쭉이소스 참고).

만들기

1 양파는 채 썰고 김치는 먹기 좋게 썰어줍니다.
2 팬에 식용유를 두르고 다진 마늘, 양파, 김치를 넣고 볶아줍니다.
TIP 식용유 사용을 줄이고 싶다면 물과 식용유를 반반 넣어 볶아주세요.
3 2에 고추장, 걸쭉이소스를 넣고 물로 농도를 조절하며 한소끔 끓입니다.
TIP 토핑을 준비하는 동안 오트밀죽을 전자레인지에 2분간 데워주면 따끈한 오트밀죽을 맛보실 수 있어요.
4 오트밀죽 위에 3을 올리고 송송 썬 파, 통깨를 뿌려 마무리합니다.

NOTE

- 구수하고 부드러운 오트밀죽을 활용한 밀프렙 레시피예요. 당일에 오트밀죽을 만들면 1시간가량 소요되지만, 전날 딱 3분만 시간을 내면 한 그릇 죽이 뚝딱 완성됩니다.
- 오트밀죽은 스틸컷오트밀로 만들어요. 스틸컷오트밀과 일반 오트밀의 영양 성분은 같지만, 맛에는 확실한 차이가 있어요. 스틸컷오트밀로 요리하면 더 부드러운 식감과 구수한 맛을 맛볼 수 있답니다.
- 오트밀죽은 물의 비율에 따라 조금씩 식감이 달라져요. 스틸컷오트밀과 물의 비율이 1:3일 경우 밥과 되직한 죽의 중간 식감, 1:4일 경우 되직한 죽의 식감, 1:5일 경우 부드러운 죽의 식감을 맛볼 수 있어요.
- 오트밀죽에 올려 먹는 토핑은 다양해요. 생과일부터 말린 과일, 견과류와 씨앗류, 넛버터까지 무궁무진하죠. 레시피에서는 우리 입맛에 잘 맞는 한식 버전으로 소개했어요. 좋아하는 식재료들을 볶거나 끓여서 올려 먹어도 참 맛이 좋답니다.

밀프렙 오트밀죽 김치 오트밀죽

버섯의 감칠맛이 짭조름한 간장과 양파 소스와
만나 한층 업그레이드된 오트밀죽이에요.

난이도 ● 10분

버섯 오트밀죽

재료(1인분)

밀프렙 오트밀죽 1인분
양파 1/4개
양송이버섯 2개
파 1대
다진 마늘 2/3큰술
걸쭉이소스 1~2큰술
간장 1/2~1큰술
식용유 1큰술
김가루 약간
물 1~2큰술

준비하기

- 밀프렙 오트밀죽을 준비해주세요(P.203 밀프렙 오트밀죽 참고). 토핑을 만드는 동안 밀프렙 오트밀죽을 전자레인지에서 2분간 데워주세요.
- 걸쭉이소스를 준비해주세요(P.45 걸쭉이소스 참고).

만들기

1 양파는 작게 썰고 양송이버섯은 도톰하게 편 썰어줍니다.

2 팬에 식용유를 두르고 다진 마늘, 양파를 넣어 볶고 한쪽에 양송이버섯을 넣고 볶아줍니다.

TIP 식용유 사용을 줄이고 싶다면 물과 식용유를 반반 넣어 볶아주세요.

3 2에 간장, 걸쭉이소스를 넣고 물로 농도를 조절하며 한소끔 끓입니다.

4 오트밀죽 위에 3을 올리고 송송 썬 파, 김가루를 얹어 마무리합니다.

TIP 팬에 남은 간장소스를 죽 위에 골고루 부어주세요.

NOTE

- 버섯은 볶으면 크기가 줄어들어요. 쫄깃하고 버섯 향이 짙은 토핑을 만드려면 도톰하게 잘라 준비해주세요.

신선한 들깻가루와 부드러운 순두부로 뚝딱 만드는 오트밀죽이랍니다. 자극 없이 순한 아침 식사로 제격이에요.

난이도 ● 10분

들깨 순두부 오트밀죽

재료(1인분)

밀프렙 오트밀죽 1인분
양파 1/4개
완두콩 1큰술
순두부 1/2컵
다진 마늘 2/3큰술
걸쭉이소스 2~3큰술
간장 1큰술
식용유 1큰술
들깻가루 2~3큰술
검정깨 약간
물 약간

준비하기

- 밀프렙 오트밀죽을 준비해주세요(P.203 밀프렙 오트밀죽 참고). 토핑을 만드는 동안 밀프렙 오트밀죽을 전자레인지에서 2분간 데워주세요.
- 걸쭉이소스를 준비해주세요(P.45 걸쭉이소스 참고).

만들기

1 양파는 작게 썹니다.

2 팬에 식용유를 두르고 다진 마늘, 양파를 넣고 볶아줍니다.

TIP 식용유 사용을 줄이고 싶다면 물과 식용유를 반반 넣어 볶아주세요.

3 완두콩, 들깻가루를 넣고 골고루 섞은 후 물을 넣어 농도를 만들어줍니다.

4 3에 순두부를 넣고 간장, 걸쭉이소스를 넣고 물로 농도를 조절하며 한소끔 끓여줍니다.

TIP 필요 시 물을 넣어 먹기 좋은 농도를 만들어주세요.

5 오트밀죽 위에 4를 올리고 검정깨를 뿌려 마무리합니다.

NOTE

- 레시피에서는 간장으로 간을 하지만 기호에 따라 소금으로 간을 더해도 좋아요.

따뜻한 된장국과 신선한 잎채소의 식감이 생각나는 아침이라면, 시금치 된장 오트밀죽을 드셔보세요. 검정깨까지 뿌려 먹으면 고소한 맛과 구수한 맛의 향연이 일품이랍니다.

난이도● 10분

시금치 된장 오트밀죽

재료(1인분)

밀프렙 오트밀죽 1인분
양파 1/4개
시금치 1줌
다진 마늘 2/3큰술
된장 1/2~1큰술
걸쭉이소스 2큰술
식용유 1큰술
검정깨 1큰술
물 1~2큰술

준비하기

- 밀프렙 오트밀죽을 준비해주세요(P.203 밀프렙 오트밀죽 참고). 토핑을 만드는 동안 밀프렙 오트밀죽을 전자레인지에서 2분간 데워주세요.
- 걸쭉이소스를 준비해주세요(P.45 걸쭉이소스 참고).

만들기

1 양파는 작게 썰고 시금치는 깨끗이 씻고 반으로 갈라 먹기 좋게 썰어줍니다.

2 팬에 식용유를 두르고 다진 마늘, 양파를 넣고 볶아줍니다.
TIP 식용유 사용을 줄이고 싶다면 물과 식용유를 반반 넣어 볶아주세요.

3 2에 된장, 걸쭉이소스를 넣고 물로 농도를 조절하며 한소끔 끓여줍니다.

4 3에 시금치를 넣고 살짝 볶아줍니다.
TIP 시금치의 양은 기호에 따라 가감하세요.

5 오트밀죽 위에 4를 올리고 검정깨를 뿌려 마무리합니다.
TIP 팬에 남은 된장소스를 죽 위에 골고루 부어주세요.

반조리 밀프렙해둔 버섯과 채소들을 보글보글 끓이고 고소한 들깻가루와 전분으로 농도를 만들어 주면 부드럽고 쫄깃한 한 끼 식사가 된답니다.

난이도● 10분

들깨 버섯 덮밥

재료(1인분)

밥 1공기
밀프렙 양파 1/4컵
밀프렙 애호박 1/4컵
밀프렙 양송이버섯 1컵
다진 마늘 2/3큰술
간장 1/2~1큰술
채수 1컵
전분가루 1/2큰술
들깻가루 2큰술
검정깨 약간
물 1큰술

[밀프렙 채소]
두부 2모
양파 2개
당근 6~7개
애호박 4개
양송이버섯 2와 1/2팩
어린잎시금치 2줌
다진 마늘 1큰술
소금 약간

준비하기

- 밀프렙 채소를 준비하고 밀폐 용기에 각각 담아주세요.

밀프렙 채소

1 두부는 세로로 길게 자르고 식용유 두른 팬에 올려 소금으로 간하며 바싹 구워줍니다.
2 양파는 가늘게 채 썰고 식용유 두른 팬에 올려 소금으로 간하며 충분히 볶아줍니다.
3 당근은 적당한 길이로 가늘게 채 썰고 식용유 두른 팬에 올려 소금으로 간하며 살짝 볶아줍니다.
4 애호박은 반으로 갈라 어슷썰고 식용유 두른 팬에 올려 다진 마늘 1/2큰술 넣고 소금으로 간하며 충분히 볶아줍니다.
5 양송이버섯은 얇게 편 썰고 식용유 두른 팬에 올려 다진 마늘 1/2큰술 넣고 소금으로 간하며 충분히 볶아줍니다.
6 어린잎시금치는 씻어서 체에 밭쳐 물기를 뺍니다.

- 채수를 준비해주세요(P.44 채수 큐브 참고). 물 1컵에 채수 큐브 1/2개를 넣어줍니다.

만들기

1 전분가루, 물을 섞어 전분물을 만듭니다.
2 팬에 밀프렙 채소 양송이버섯과 양파, 애호박을 넣고 다진 마늘, 간장, 채수, 들깻가루를 넣어 끓입니다.
3 끓어오르면 농도가 걸쭉해지도록 전분물을 넣습니다.
4 그릇에 밥을 담고 3을 올린 뒤 검정깨를 뿌려 마무리합니다.

NOTE

- 일주일에 한 번 시간을 내어 밀프렙 채소를 준비해보세요. 보다 맛있고 신선한 밀프렙을 원하신다면 주말에 한 번, 수요일에 한 번씩 준비하는 것을 추천드려요.
- 밀프렙의 장점은 요리의 간편함과 영양소가 골고루 담긴 식사를 규칙적으로 할 수 있다는 점이에요.

밀프렙 채소 들깨 버섯 덮밥

따뜻한 밥에 밀프렙 채소들을 올리고
참기름 살짝, 고추장 조금 넣어 비벼
주면 언제 먹어도 맛있고 영양 만점
인 비빔밥이 완성되지요.

난이도 ● 10분

채소 비빔밥

재료(1인분)

밥 1공기
달걀프라이(선택사항)
밀프렙 당근 적당량
밀프렙 양파 적당량
밀프렙 애호박 적당량
밀프렙 양송이버섯 적당량
밀프렙 두부 적당량
참기름 1/2큰술

[고추장 양념]
다진 마늘 1/3큰술
조청 1/2큰술(또는 아가베시럽)
고추장 1큰술
간장 1/2큰술
물 1큰술

준비하기

- 밀프렙 채소를 준비해주세요(P.211 밀프렙 채소 참고).

만들기

1 분량의 재료를 섞어 고추장양념을 만듭니다.

2 넓은 그릇에 따뜻한 밥과 밀프렙 채소를 담고 달걀프라이를 얹은 뒤 고추장 양념과 참기름 살짝 넣고 잘 섞어줍니다.

한식 대표 메뉴 김밥이에요. 반조리 밀프렙해둔 당근과 두부를 넣고 홈메이드 단무지를 얹어 또르르 말아 만들면 간단하고 맛있는 피크닉 요리가 된답니다.

난이도 ● 10분

채소 김밥

재료(2줄)

밥 1공기
김밥용 김 2장
단무지 1/4컵
밀프렙 두부 5개
밀프렙 당근 1컵
밀프렙 어린잎시금치 1컵
햄프시드 1큰술
참기름 1큰술
소금 1~2꼬집

준비하기

- 밀프렙 채소를 준비해주세요(P.211 밀프렙 채소 참고).
- 단무지를 준비해주세요(P.47 바로 먹는 단무지 참고).

만들기

1 밥은 참기름과 소금으로 간하고 햄프시드를 뿌린 후 골고루 섞어줍니다.
2 김 위에 밥, 밀프렙 채소, 단무지를 올리고 말아줍니다.
3 적당한 두께로 썰어줍니다.

NOTE

- 당근을 넉넉히 넣어 당근 김밥을 만들어보세요. 살짝 볶아서 아직 남아 있는 아삭한 식감과 당근만의 달달함이 매력적인 김밥을 만나게 될 거예요.

채소 쌀피 만두

난이도● 10분

라이스페이퍼에 만두소를 넣고 돌돌 말아 앞뒤로 노릇하게 구우면 바삭바삭 쫄깃쫄깃 맛있는 군만두가 완성!

재료(2인분)

라이스페이퍼 5~6장
밀프렙 양파 적당량
밀프렙 당근 적당량
밀프렙 애호박 적당량
밀프렙 양송이버섯 적당량
밀프렙 두부 적당량
식용유 적당량
감자전분가루 1큰술
소금 약간
후추 약간

준비하기

- 밀프렙 채소를 준비해주세요(P.211 밀프렙 채소 참고).

만들기

1 밀프렙 채소를 잘게 다져 볼에 담고 감자전분가루를 넣습니다.

2 소금 살짝 넣어 간하고 후추 톡톡 뿌린 후 잘 버무려 만두소를 만듭니다.

3 라이스페이퍼는 찬물에 담갔다가 꺼내 잘 펼친 후 2를 1큰술 올려 말아줍니다.
TIP 라이스페이퍼의 양끝 부분을 두 번 이상 말아주세요.

4 식용유를 두른 팬에 라이스페이퍼 만두를 올리고 앞뒤로 바삭하게 구워줍니다.

NOTE

- 라이스페이퍼는 찬물에 담가주세요. 따뜻한 물에 담그면 금세 부드러워져 모양이 흐트러지기 쉬워요.

PART 5

활력 있는 하루를 위한 음료와 스낵

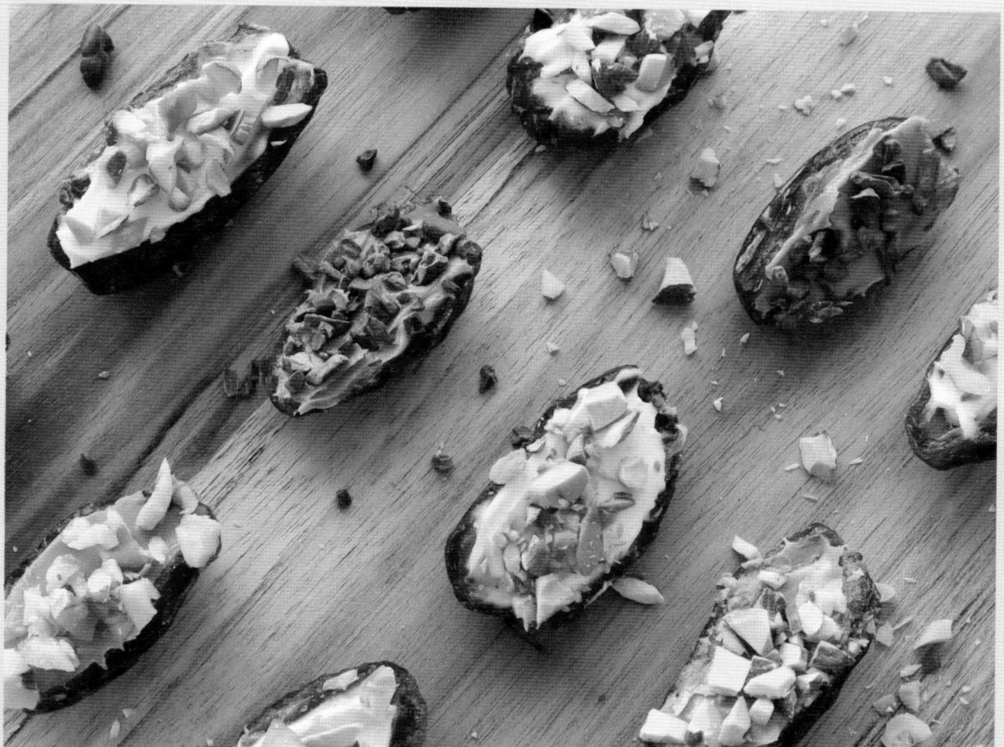

신선한 그린 주스 한 컵으로 몸속에 쌓인 노폐물과 붓기를 제거하고, 잠자고 있는 세포를 깨워보세요.

난이도● 10분

그린 주스

재료(1~2인분)

아오리사과 1개
오이 1/3개
파인애플 1/3개
바나나 1/2개
레몬즙 1~2큰술
자른 케일 3컵(또는 시금치)
물 1~2컵

만들기

1 아오리사과는 씨를 제거하고 굵직하게 썰어줍니다.

2 오이, 파인애플, 바나나는 사방 2㎝ 크기로 깍둑썰어줍니다.

3 믹서에 모든 재료를 넣고 곱게 갈아줍니다.
TIP 액체나 즙이 많은 재료부터 믹서에 넣어요. 레몬즙은 잎채소의 풋내를 잡아줍니다.

NOTE

- 직접 만든 주스는 냉장 보관 시 하루에서 이틀까지 맛있게 먹을 수 있어요.
- 완성된 주스는 시간이 지나면 조금 더 걸쭉해진답니다. 착즙해 만드는 주스가 아닌 섬유질까지 갈아 만드는 주스인 만큼 마시기 좋게 물의 양을 조절하세요.

매일 마셔도 좋은 바나나 오트 스무디는 설탕 없이 만드는 건강 음료랍니다. 피로 회복에 도움을 주는 시나몬가루를 챙겨서 넣어주면 맛이 더 풍성해진답니다. 한 끼 식사 대용으로도 좋아요.

난이도 ● 10분

바나나 오트 스무디

재료(1인분)

오트밀 1/4컵
냉동 바나나 1개
땅콩버터 1큰술
시나몬가루 1/2작은술
소금 1꼬집
물 1컵

[토핑]
롤드오트밀 1/2큰술
치아시드 1/2큰술

만들기

1 믹서에 토핑을 제외한 모든 재료를 넣고 곱게 갈아줍니다.

2 토핑을 올려 마무리합니다.

NOTE

- 오트우유를 만들 때는 오트밀과 물을 1:5 비율로 맞춰주세요. 믹서에 갈고 4~5시간이 지나면 적당한 농도의 오트우유가 만들어져요. 만들어서 바로 마실 경우 오트밀과 물을 1:4 비율로 맞춰 갈면 먹기 좋은 농도로 만들어집니다.
- 오트밀과 바나나, 시나몬가루는 맛과 향의 어울림이 좋은 식재료이고 피로 회복에도 좋아요. 바나나 오트 스무디에는 다양한 토핑을 올릴 수 있어요. 더 다채로운 토핑 이야기는 QR코드 영상을 참고해주세요.
- 담백하고 고소한 풍미를 가진 오트밀에는 베타글루칸이라는 식이섬유가 풍부해요. 베타글루칸은 변비를 해소하고 독소 배출에 큰 도움이 된답니다.

구수하고 진한 맛도 일품이지만 영양적인 측면에서 정말 사랑받는 식재료인 검은콩과 검정깨로 음료를 만들어보세요. 시원하게도 따뜻하게도 즐길 수 있어 더 좋답니다.

난이도● 15분

검은콩깨 두유

대추야자는 손으로 반을 갈라 씨를 제거합니다.

재료(1인분)

삶은 검은콩 1과 1/2컵
대추야자 2개
볶은 검정깨 2큰술
소금 1/3작은술
물 3컵

준비하기

- 삶은 검은콩을 준비해주세요. 검은콩을 깨끗이 씻어 물에 담가 하룻밤 불리고, 다시 콩 불린 물을 넣고 삶아줍니다. 물이 끓을 때 뭉게뭉게 올라오는 거품은 걷어주세요. 끓어오르면 10분간 더 삶아줍니다. 콩을 하나 집어 먹어보고 비린 맛이 없다면 제대로 삶아진 거랍니다.

만들기

1 대추야자는 손으로 반을 갈라 씨를 제거합니다.

2 믹서에 모든 재료를 넣고 곱게 갈아줍니다.
TIP 물은 한 번에 다 붓지 않고 농도를 봐가며 넣어주세요. 콩이 삶아진 정도에 따라 물의 양이 달라집니다.

NOTE

- 두유를 만들 때는 유기농 검은콩을 준비해주세요.
- 설탕 대신 대추야자를 넣어 단맛을 주었어요. 무가당 두유를 만든다면 대추야자는 넣지 마세요.
- 볶은 검정깨 외에도 구운 호두나 구운 아몬드를 사용할 수 있어요.

강황 라테

난이도● 15분

나른한 오후 달콤한 라테 한잔 어떠세요? 라테는 이탈리아어로 우유를 뜻해요. 신선한 강황과 은은한 생강 향 가득한 강황 라테는 기분을 환기하고 몸을 따뜻하게 하며 에너지를 높여줄 거예요.

재료(1인분)

캐슈우유 2컵
강황 1개(2㎝)
생강 1개(2㎝)
메이플시럽 2큰술(또는 원당)
시나몬가루 1/2작은술
소금 1꼬집

[캐슈우유]
캐슈너트 1/4컵
물 2컵

준비하기

- 캐슈우유를 준비해주세요. 캐슈너트 1/4컵과 물 2컵을 믹서에 곱게 갈아 만들어 주세요.

만들기

1 작은 냄비에 캐슈우유, 메이플시럽, 소금을 넣고 저어가면서 따뜻하게 데워 줍니다.
TIP 보글보글 거품이 올라올 때까지 끓이지 않아요.

2 강황과 생강은 껍질을 벗기고 편 썰어줍니다.

3 믹서에 1과 2를 넣고 곱게 갈아줍니다.

4 3에 시나몬가루를 넣고 빠른 속도로 섞은 후 머그잔에 담아줍니다.

NOTE

- 시판용 아몬드우유를 사용해도 좋아요. 이때 캐슈너트 1큰술을 넣어서 갈면 더 부드러운 우유를 맛볼 수 있답니다. 초고속 믹서가 없다면 전날에 캐슈너트를 물에 담가 불린 후 갈아주세요.
- 강황과 생강은 되도록 생채소를 사용해주세요. 하지만 어렵다면 강황가루 1/2 큰술, 생강가루 1/2큰술을 사용하세요.

달콤한 간식이 당기는 날엔 조금 더 건강한 선택을 해보세요. 아삭한 사과 링 위에 다양한 토핑을 얹어주면 나른한 오후를 깨워주는 애프터눈 스낵으로 이만한 게 없답니다.

난이도● 10분

사과 도넛

재료(1~2인분)

사과 1개

[토핑]
넛버터 2큰술
요거트 2큰술
키위 적당량
딸기 적당량
블루베리 적당량
그래놀라 적당량
코코넛칩 적당량
카카오닙스 적당량

준비하기

- 넛버터를 준비해주세요(P.39 넛버터 참고).
- 요거트를 준비해주세요(P.38 5분 완성 요거트 참고).

만들기

1 사과는 씨를 제거하고 5㎜ 두께로 동그랗게 썰어줍니다.
TIP 사과를 반으로 갈라 스푼으로 씨를 떠줍니다.

2 1에 넛버터와 요거트를 바르고 토핑을 올려주세요.

NOTE

- 사과의 갈변을 지연시키고 싶다면 볼에 손질한 사과를 넣고 사과가 잠길 정도로 물을 부은 후 레몬즙 1큰술을 넣어주세요. 10분 정도 후에 사과를 꺼내고 물기를 없앤 후 토핑을 올려주세요.
- 사과 도넛에 올릴 토핑으로는 냉동 과일, 생과일 모두 좋아요. 아몬드버터, 땅콩버터 등 좋아하는 넛버터를 바르고 씨앗류, 과일 조각 등 다양한 토핑을 올려보세요.

지구상에서 가장 건강한 칩! 바삭바삭함 속에 케일 고유의 향이 가득해요. 정말 맛있어서 먹고 나면 곧 다시 만들게 되는 칩이랍니다.

난이도 ● 10분

케일칩

재료(2~3인분)

케일 7~8장
올리브오일 1큰술
소금 1/8작은술

만들기

1 케일은 깨끗하게 씻어 물기를 없애고, 굵은 줄기를 제거한 후 먹기 좋은 크기로 썰어줍니다.

2 손질한 케일에 오일을 뿌려 버무린 후 소금을 골고루 뿌려줍니다.

3 에어프라이어 팬에 케일을 한 겹으로 깔아줍니다.

4 190도로 예열한 에어프라이어에서 4~5분가량 구워줍니다. 3분이 지난 후부터는 눈으로 확인하면서 구워주세요.

5 구운 케일칩은 완전히 식혀줍니다.

TIP 종이봉투에 담아 실온에서 보관하면 7일간 먹을 수 있어요. 눅눅해지면 다시 에어프라이어에 넣고 1~2분간 구워주세요.

사탕 나무라고도 불리는 대추야자는 첨가물이 나 보존제 없이 실온에서 3년 정도 보관이 가능할 정도로 당도가 높은 열매에요. 설탕이나 다른 화학첨가물 대신 나무에서 열린 달콤한 열매로 간단하게 스낵을 만들어보세요.

난이도● 5분

데이츠 스낵

재료(4인분)

대추야자 8개
크림치즈 2큰술
땅콩버터 2큰술
구운 견과류 1~2큰술
코셔소금 약간

준비하기

- 크림치즈를 준비해주세요(P.40 크림치즈 참고).
- 땅콩버터를 준비해주세요(P.39 넛버터 참고).
- 견과류는 피스타치오, 피칸, 아몬드, 헤이즐넛, 카카오닙스 등을 준비해주세요. 대추야자 위에 올리기 좋은 크기로 다져주세요.

만들기

1 대추야자는 반으로 갈라 씨를 제거한 후 크림치즈 또는 땅콩버터로 속을 채웁니다.

2 잘게 다진 견과류를 올리고 코셔소금을 뿌려 마무리합니다.

NOTE

- 데이츠 스낵의 속은 어떤 조합이든 맛있어요. 크림치즈+피스타치오+아몬드 조합과 땅콩버터+카카오닙스+호두+헤이즐넛 조합도 맛있답니다.
- 입자가 큰 코셔소금을 사용하면 달콤한 대추야자와 함께 단짠의 조화를 느낄 수 있답니다.

달달하고 담백한 병아리콩이 바삭바삭한 식감을 입었어요. 하나둘 먹다 보면 금세 바닥을 보게 되는 맛있는 스낵이에요. 다이어터들에게도 꼭 알맞은 스낵이랍니다.

난이도● 20분

병아리콩 스낵

재료(1~2인분)

삶은 병아리콩 1과 1/2컵
양파가루 1/4작은술
마늘가루 1/4작은술
파프리카가루 1/4작은술
올리브오일 1큰술
소금 1/4작은술

준비하기

삶은 병아리콩을 준비해주세요(P.48 병아리콩 삶기 참고). 간편하게 통조림 병아리콩을 사용해도 좋아요. 통조림 사용 시 내용물은 체에 밭쳐 물로 헹군 후 사용하세요.

만들기

1 도톰하게 깐 키친타월 위에 삶은 병아리콩을 펼쳐놓고 물기를 닦아줍니다.
TIP 반짝임이 사라질 정도로만 닦아주세요.

2 볼에 삶은 병아리콩과 올리브오일, 소금, 마늘가루, 양파가루, 파프리카가루를 넣고 골고루 섞어줍니다.

3 200도로 예열한 에어프라이어에 넣고 뒤적여가면서 12~15분가량 구워줍니다.

4 완전히 식힌 후 밀폐 용기에 담아 보관합니다.

NOTE

- 병아리콩 스낵은 첨가물 없는 홈메이드 스낵인 만큼 바삭함이 오래가지 않아요. 구운 병아리콩이 완전히 식으면 반드시 밀폐 용기 또는 진공 용기에 담아 보관해주세요.

밀가루 대신 아몬드가루로 만든 크래커예
요. 기름 한 방울 넣지 않고 반죽한 담백한
스낵이랍니다.

난이도● 40분

아몬드 크래커

재료(1~2인분)

플랙시드가루 1큰술
아몬드가루 1컵
굵은소금 1~2꼬집
소금 1/4작은술
물 3큰술

만들기

1 볼에 플랙시드가루, 물을 넣고 섞은 후 5분간 둡니다.

2 푸드프로세서에 1과 아몬드가루, 소금을 넣고 반죽해서 한 덩어리로 만듭니다.

3 종이포일 위에 반죽을 올리고 밀대를 사용해 반죽을 밀어줍니다.
TIP 반죽의 두께는 1~2㎜로 얇게 밀어주세요.

4 굵은소금을 뿌리고 잘 붙도록 살짝 눌러줍니다.
TIP 플레이크 소금, 바다 소금도 좋아요.

5 쿠키 틀로 모양을 내고 이쑤시개로 콕콕 찍어 구멍을 만듭니다.
TIP 쿠키 틀이 없다면 적당한 그릇으로 모양으로 내주세요.

6 175도로 예열한 오븐에 넣고 15~20분가량 구워줍니다.
TIP 팬의 가장자리에 있는 반죽은 더 빨리 익어요. 노릇하게 구워진 크래커는 꺼내고 남은 크래커를 구워주세요.

7 완전히 식힌 후 밀폐 용기에 담아 보관합니다.

NOTE

- 레시피에서는 반죽의 두께를 얇게 만들었지만 조금 도톰하게 만든다면 굽는 시간을 조금 더 늘려주세요.
- 식힌 후 바로 먹으면 정말 맛있답니다. 밀폐 용기에 담아 보관하면 4~5일간 맛있게 먹을 수 있어요.
- 플랙시드가루와 물을 1:3 비율로 섞고 잠시 두면 점성이 생겨요. 이를 플랙시드 에그라고 표현하며 채식 식단을 위한 달걀 대체 재료로 사용합니다.

건강한 지방과 천연 단맛을 가진 굽지 않고 만드는 에너지바예요. 등산이나 하이킹, 자전거 탈 때 등 에너지가 필요한 날을 위한 스낵이랍니다.

난이도 ●● 20분

에너지바

냉동실에서 에너지바 모양을 굳힙니다.

에너지바 사이사이에 종이포일을 끼웁니다.

재료(4~5인분)

대추야자 20개
땅콩버터 2큰술
구운 견과류 2컵
구운 씨앗류 1/2컵
소금 1/4작은술

준비하기

- 구운 견과류와 씨앗류를 준비해주세요(P.39 넛버터 1번 과정 참고).
- 땅콩버터를 준비해주세요(P.39 넛버터 참고).

만들기

1 대추야자는 반을 갈라 씨를 제거합니다.

2 믹서에 구운 견과류를 넣고 4~5초간 잘게 갈아줍니다.
TIP 견과류를 굵게 갈면 나중에 모양을 내기가 어려워요. 잘게 갈아주세요.

3 2에 대추야자와 소금을 넣고 10~15초간 저속으로 섞어줍니다.
TIP 손으로 조금 집어서 잘 뭉쳐지는지 확인해주세요. 잘 뭉쳐지지 않으면 대추야자 1~2개를 더 넣어주세요.

4 베이킹 팬과 같은 평평한 그릇에 종이포일을 깔고 3을 올리고 다시 종이포일을 덮은 후 밀대로 밀어 평평하게 모양을 잡아줍니다.

5 구운 씨앗류들을 고르게 얹고 한 번 더 평평하게 눌러 펴준 뒤 냉장고에 넣고 30분간 모양이 고정될 때까지 둡니다.

6 먹기 좋게 자른 후 서로 붙지 않도록 에너지바 사이사이에 종이포일을 얹고 밀폐 용기에 보관합니다.
TIP 약 20개 분량의 에너지바가 나온답니다.

NOTE

- 대추야자는 한 컵에 8~9개 분량이에요. 반죽에 땅콩버터를 넣었기 때문에 땅콩맛 에너지바라고 생각하시면 돼요. 땅콩버터는 고소한 맛 외에도 몸에 에너지를 더하고 반죽에 끈기를 더해준답니다.
- 오븐에 굽지 않고 만드는 에너지바이기 때문에 구운 견과류를 사용해주세요. 아몬드, 땅콩, 피스타치오, 호두, 월넛 등 좋아하는 견과류를 굽고 해바라기씨, 호박씨, 참깨, 검정깨 등 씨앗류 역시 굽거나 볶은 씨앗을 사용해주세요.

요거트 과일 바크

난이도● 6~8시간

바크(bark)란 나무껍질을 의미해요. 나무껍질처럼 거칠고 얇은 요거트 위에 다양한 과일 조각을 얹어 얼려보세요. 요거트 아이스크림처럼 가볍고 시원한 달콤함을 선사해줄 거예요.

재료(2~3인분)

요거트 2컵
냉동블루베리 1/4~1/3컵
민트 잎 적당량
메이플시럽 1큰술

준비하기

- 요거트를 준비해주세요(P.38 5분 완성 요거트 참고).

NOTE

- 블루베리 외에도 다양한 과일들을 조각으로 잘라 얹어보세요. 과일 조각 위에 메이플시럽을 살짝 뿌려 코팅해주면 달콤하지 않은 과일도 단맛을 낼 수 있어요. 기호에 따라 메이플시럽을 빼고 만들어도 좋아요.
- 요거트 바크는 냉동실에서 꺼내면 바로 녹기 시작해요. 손으로 또는 피자칼 등으로 잘라 바로 즐기세요.

1

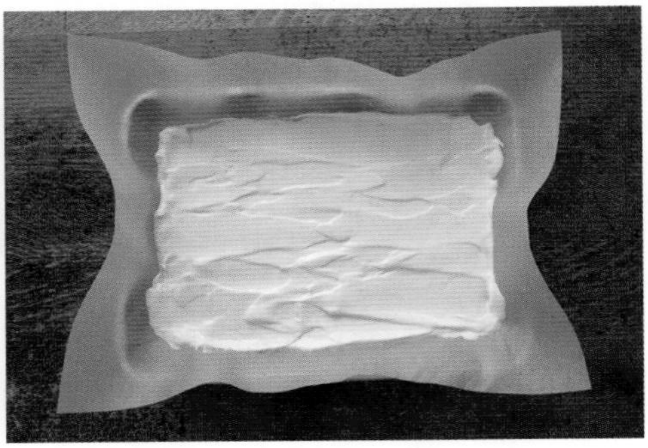

만들기

1 베이킹 팬에 종이포일을 올리고 요거트를 펴 담아줍니다.

2 냉동 블루베리와 민트를 보기 좋게 얹어줍니다.

3 메이플시럽을 블루베리에 한 방울씩 떨어뜨려 코팅합니다.

4 4~6시간 또는 하룻밤 동안 냉동실에 두고 얼려줍니다.

5 적당한 크기로 잘라줍니다.